肉羊健康养殖一月通

王金文　崔绪奎　编著

中国农业大学出版社
·北京·

图书在版编目(CIP)数据

肉羊健康养殖一月通/王金文,崔绪奎编著. —北京:中国农业
大学出版社,2013.12

ISBN 978-7-5655-0843-1

Ⅰ.①肉⋯ Ⅱ.①王⋯ ②崔⋯ Ⅲ.①肉用羊-饲养管理
Ⅳ.①S826.9

中国版本图书馆 CIP 数据核字(2013)第 262878 号

书　　名	肉羊健康养殖一月通		
作　　者	王金文　崔绪奎　编著		
策划编辑	赵　中	责任编辑	刘耀华
封面设计	郑　川	责任校对	王晓凤　陈　莹
出版发行	中国农业大学出版社		
社　　址	北京市海淀区圆明园西路 2 号	邮政编码	100193
电　　话	发行部 010-62818525,8625	读者服务部	010-62732336
	编辑部 010-62732617,2618	出 版 部	010-62733440
网　　址	http://www.cau.edu.cn/caup	e-mail	cbsszs @ cau.edu.cn
经　　销	新华书店		
印　　刷	涿州市星河印刷有限公司		
版　　次	2014 年 1 月第 1 版　2014 年 1 月第 1 次印刷		
规　　格	850×1 168　32 开本　5.375 印张　135 千字		
印　　数	1~5 500		
定　　价	12.00 元		

前　言

随着经济发展和人们生活水平不断提高,对羊肉的需求日益增加。同时,消费者的观念也正在发生变化,不仅追求羊肉鲜美、风味独特,而且更加崇尚天然、绿色和有机的羊肉产品。长期以来,由于人们对健康养殖肉羊的认识不足、措施不力,致使肉羊生产过程中仍存在一些安全隐患,如养殖环境恶化、饲料中使用违禁添加剂等,从而导致了产品安全问题频发,甚至成为社会关注的焦点。为此,肉羊产业必须转变养殖方式,积极倡导健康养殖,以促进肉羊生产向优质、高效和安全方向发展。

肉羊健康养殖是一项系统工程,包括环境调控、遗传育种、饲料营养、养殖技术、疾病防治等方面。实施肉羊健康养殖的目的在于促进人与自然、人与社会、人与动物关系的和谐。通过实施健康养殖,既可获得安全、优质的羊肉产品,又可获得显著的经济效益和生态效益。了解肉羊健康养殖的理念,全面掌握肉羊健康养殖支撑技术和相关条件,已成为保障肉羊产业可持续发展的关键环节。

编者根据肉羊的生物学特性、种质特性、繁殖性能以及不同生理和生产阶段的营养需要,借鉴肉羊生产中取得的新成果、新进展,将健康养殖的理念和相关技术组装配套、融会贯通,形成一个技术体系并整理成册。其目的在于向人们全面、系统、深入地介绍发展健康、无公害肉羊生产的重要性、必要性和可行性,普及和推广健康养羊的新技术和新方法,以提高健康养羊的技术水平,适应现代肉羊生产尤其是优质肥羔生产发展的需要,从而加快肉羊产业化发展进程,增加农牧民养羊的收入。

编　者

2013 年 10 月

目　录

第一章 肉羊健康养殖与效益分析

导　　读　肉羊健康养殖是以安全、优质、高效、无公害为主要内涵的可持续发展的养殖业,是在以追求数量增长为主的传统肉羊养殖的基础上,实现数量、质量和生态效益并重发展的现代肉羊产业。肉羊健康养殖生产的目的是既获得安全、优质的羊肉产品,又使得经济和生态效益双增。进行肉羊健康养殖,养殖户需了解肉羊健康养殖理念,掌握肉羊健康养殖应具备的技术和支撑条件,熟悉如何分析肉羊健康养殖生产成本和经济效益,以促进肉羊产业健康、和谐及可持续发展。

第一节　肉羊健康养殖的理念

一、肉羊健康养殖的概念

肉羊健康养殖是根据肉羊生长、繁殖和生理需求,选择科学的养殖模式,通过实施系统、规范的管理技术,使其在可控制的环境中健康成长,其优势在于:一是健康养殖生产的羊肉产品质量好且安全,二是健康养殖是具有较高经济效益的生产模式,三是健康养殖对于资源的开发利用是良性的,其生产模式是可持续的。这充分体现了现代肉羊产业经济、生态环境和社会效益的有机统一。

二、发展肉羊健康养殖的必要性

(一)国内发展形势需要健康养殖

自 20 世纪 80 年代末以来,我国已成为世界上绵羊、山羊饲养量、出栏量以及羊肉产量最多的国家。羊肉产量由 1980 年的 45.1 万吨迅速增加到 2008 年的 380.3 万吨,占世界羊肉产量的比重由 1980 年的 6.10% 增加到 2007 年的 34.60%,年均增长速度为 9.30%。羊肉在我国肉类产量中的比重不断提高,由 1980 年的 3.70% 提高到 2008 年的 5.22%,占畜牧业总产值的比重达到 6.13%。肉羊养殖业已成为畜牧业中最具活力的支柱产业之一。由于肉羊养殖业传统养殖方式的缺陷,使得大部分养殖户存在着亟待解决的问题:一是肉羊产品安全问题突出。部分养殖场为了片面追求利润,超量或违禁使用矿物质、抗生素、类激素等,导致产品中激素、抗生素、重金属等有害物质残留超标,不仅严重危害人体健康,而且制约了肉羊产品的出口。二是养殖造成的环境压力越来越大。2000 年底国家环境保护总局启动的对全国 23 个省、自治区、直辖市进行的规模化畜禽养殖业污染情况的调查结果显示,畜禽养殖产生的污染已经成为我国农村污染的主要来源。三是重大动物疫情日益严峻,进而严重制约肉羊业的发展。随着国民经济的发展和人民生活水平的提高,肉羊产品在人们日常膳食结构中的比例愈来愈大,肉羊产品的安全和卫生问题已成为社会共同关注的焦点,肉羊健康养殖势在必行。

(二)国际发展趋势呼唤健康养殖

随着经济全球化,世界各国普遍关注环境保护、食品安全和动物福利。发展健康养殖、杜绝餐桌污染是全人类的共同目标,制订和实施以食品安全为核心的质量保证体系已经成为世界各国政府、商业界和学术界关注的焦点。同时,世界贸易组织(WTO)各成员国纷纷制定了针对动物产品贸易的法律法规和标准,实施绿色贸易壁垒。我国作为肉羊产品生产和消费大国,并没有成为出口创汇大国,出口欧美的肉羊产品屡屡受阻,肉羊产品的质量和安全性问题已成为影响出口的主要障碍。在此背景下,世界各国争相开展健康养殖技术研究,以争取在未来国际竞争中的主导地位。由此可见,如果不解决好我国羊肉产品的安全性问题,将出现国内产品出不去而又被国人所排斥,国外产品大量涌入的被动局面。因此,当前我国的肉羊业必须大力推进健康养殖,尽快建立起一套完整的、与国际接轨的标准体系,改变目前的饲养方式,生产出质量安全的肉羊产品来提升我国产品在国内、国际市场上的竞争力。

总之,加快推进发展肉羊健康养殖,有利于稳定肉羊养殖总量,保障产品的有效供给;有利于促进肉羊良种和实用技术的推广,提高生产水平;有利于肉羊粪便污染的综合治理,改善农村生态环境;有利于提高肉羊疫病的防控能力,防范公共卫生安全风险。因此,推进肉羊健康养殖,实现养殖业安全、优质、高效、无公害生产,保障产品安全是肉羊养殖业发展的必由之路。

第二节　肉羊健康养殖的支撑技术

现代肉羊业就是用科学发展观指导产业发展,用现代工业装备肉羊业,用现代科技改造肉羊业,用现代管理方式管理肉羊业,构建开放式的联合育种体系、优质安全的饲料生产体系、建设规范的健康养殖体系、健全高效的防疫体系。现代肉羊业是标准化生产的更高层次,其主要特征是:布局区域化、养殖规模化、生产标准化、发展专业化、经营产业化、服务社会化。发展肉羊健康养殖不仅需要较高的技术水平和管理规范,而且从产地环境、质量控制、饲料加工和卫生要求,到肉羊的饲养管理、疾病防治以及肉羊产品加工等,都要遵循国家标准和有关行业标准。

一、产地环境条件好

要求肉羊饲养场必须达到无公害羊肉生产环境质量标准,同时产业基地有可持续发展的生产能力,有广泛的种植业结构,以保护产地环境来推动生产向规模化、产业化方向发展。

养殖场选址应执行国家标准或相关行业标准的规定,符合卫生防疫要求,远离交通要道、工业区、居住区和污染区,避开风景名胜区,尽量选用荒山、荒坡地,应距离主干线公路、铁路、城镇、居民区和公共场所1 000米以上,远离高压电线,3 000米范围内无采矿地、大型化工厂、造纸厂、皮革厂、肉品加工厂、屠宰厂或畜牧场等。

羊场土壤卫生条件必须符合安全食品生产条件,重金属和农药等有害物质及病原体不超标,不属于地方病高发区。土壤环境质量应达到农业部制定的无公害标准。以选择透水性强、吸湿性和导热性均匀和坚实的沙质土壤为宜。

肉羊饲养环境空气质量应符合《农产品安全质量 无公害畜禽肉产地环境要求》中规定的空气质量标准。

羊场附近应有清洁而充足的水源。水源附近无肉品加工厂、化工厂、农药厂、医院等污染源,离居民区不能太近,尽可能在工厂及居民区的上游取水,并且要求四季供水均衡、水质良好、取用方便。水质必须符合无公害畜禽生产的要求,不含病原微生物、寄生虫卵、重金属、有机腐败产物。

二、种群生产性能好

肉羊健康养殖是一种高投入、高产出、高效益的养殖模式,受各方面条件制约,具有一定的投资风险。没有良好的种群和一定的养殖规模,难以取得较好的经济效益。为此,应选择引进适应当地生产环境条件的肉羊品种。种羊必须从获得生产经营许可证的肉羊场引种,不得从疫区引种。引进的种羊须隔离观察 15~30 天,经兽医检查确定为健康后,方可供繁殖使用。运用同期发情和人工授精技术,实现批量繁育与规模化养殖。

加强新品种(品系)的培育,建立优质种羊扩繁与推广体系,进一步提高肉羊品种良种化水平。利用杂交优势,发展肥羔生产。引进商品肉羊育肥,必须从非疫区引进,经过严格检疫,并隔离观察 7 天后才能进入饲养圈舍。

发展健康养殖羊群规模,应根据各地实际情况确定。如独立的养殖企业,适繁母羊存栏规模应在 3 000 只以上;以公司加农户饲养模式发展健康养殖,联合体内应有 2~3 个核心群养殖场,每个场基础母羊存栏量应达到 300 只,参加联合体的农户基础母羊饲养规模的大小应根据家庭的综合条件,如经济状况、现有劳动力及耕地、饲草饲料数量等情况来决定,一般每个劳动力养羊应在 50 只以上。

三、生产设施和设备完善

建设羊场的目的在于给羊只提供适宜的生存环境,便于生产管理,以达到优质、高产、高效的目标。因此,在建设实施过程中,既要考虑羊只的生物学特性、羊群规模大小和生产管理方式,又要符合科学合理、因地制宜、经济实用的基本原则。在规划设计方面合理布局,羊群、饲养管理人员、饲料、粪便等进出分道;有与养殖规模相配套的粪便、污水处理设施、动物隔离观察场地等;羊场周围设立围墙或防疫沟,并应建立绿化隔离带。

肉羊健康养殖是一种集约化的繁殖生产模式,特别是肉羊育肥阶段,应以舍饲育肥为主。实行舍饲肉羊生产机械化,可使生产效率与效益大幅度提升,同时能降低生产成本,保护生态环境,促进肉羊生产的发展。为此,应根据实际情况合理建设羊舍及配置生产基础设施设备,做到因地制宜,以适应肉羊健康养殖生产和管理需要。条件许可的地方,可按照工厂化肉羊养殖的要求,建设标准化的羊舍、运动场地,配套饮水、喂料及自动清粪设施,以降低工人劳动强度,提高生产效率。

四、饲料安全、营养平衡

严格掌握所选饲料原料的质量,要求品质优良,无污染、无霉变。牧草和饲料产地土壤环境质量应符合《土壤环境质量标准》(GB 15618—2008)二级标准的要求。对于有不良特性和适口性差的原料要先进行加工处理,并限制其在饲料中的使用量。对于含有天然毒素的饲料,必须经过脱毒处理。剩料要及时清理,防止腐败变质。禁止用各种生活泔水、生活垃圾饲喂肉羊。饲料中严禁使用各种违禁药物和添加剂,防止药物残留对人体造成危害。

根据肉羊的品种、年龄、用途等合理选择饲料,日粮组成要多样。根据不同条件下肉羊的营养需要,科学合理配制日粮,以满足能量、蛋白质、氨基酸、矿物质、维生素等营养需要,提高群体的抗病力。根据健康养殖标准使用绿色环保饲料添加剂,如益生素、促生素、酶制剂、中草药提取物等绿色添加剂,减少畜禽产品中有毒有害物质残留。

五、规章制度健全

1. 建立严格防疫制度

根据肉羊不同品种、生长阶段及当地疫病发生情况,制订科学的免疫计划和免疫程序。根据《动物防疫法》及其配套法规的要求,对口蹄疫等重大疫病实施强制免疫。疫苗必须选自具有《兽用生物制品经营许可证》的单位。规范操作程序,佩戴统一的免疫标识,建立免疫档案,定期开展免疫效果监测,定期做好肉羊药物驱虫工作。

强化树立"防重于治"的原则,坚持搞好产前、产中、产后的各项预防工作,变被动防疫为主动防疫。做好发病羊只的隔离饲养。实行全进全出的管理制度,及时消灭场内已有的疫源,努力阻止新的疫病传入。

2. 建立严格卫生消毒制度

经常对圈舍、场地、用具等进行严格消毒。定期更换消毒液。工作人员在进入生产区净道和圈舍之前,要经过洗澡、更衣、紫外线消毒。严格控制外来人员进入生产区,必须进入生产区时,经过紫外线消毒,更换场区工作服和工作鞋,并遵守场内防疫制度,按指定路线行走。

3. 制度规范

确立定期巡查制度,保证饲养员能按时观察肉羊并及时反馈信息;实施封闭管理制度,禁止无关人员随便进出养殖场;建立兽药档案制度,确保使用的兽药是正规厂家生产的合格产品,并确保按有关规定使用;落实健康体检制度,保证饲养管理人员身体健康,防止人畜共患传染病通过人体携带进场。

4.定期评估检测

定期对羊群进行健康检测,对环境条件、管理制度进行安全检查和评估,认真查找安全隐患。检查出携带病原的羊只,必须进行隔离治疗。根据季节变化和肉羊生物学特点,及时调整饲养管理制度和免疫预防措施,给羊群创造一个健康、安全的绿色生活屏障。

六、技术队伍健全、管理人员稳定

肉羊健康养殖企业或联合体,应当拥有一定的技术和管理人才队伍,以满足肉羊健康养殖过程中对饲料加工生产、羊群饲养管理、配种繁育、疫病防治、卫生监控、原料和产品检验以及经营管理等方面的技术需求。根据企业发展的实际需要,建立和健全社会化科技服务体系,为肉羊健康养殖的全过程提供及时、有效的技术服务。

七、肉羊产品加工、贮运设施设备配套

肉羊健康养殖不仅对养殖过程的各个环节有严格要求,而且对肉羊的屠宰、加工、贮存运输等影响羊肉品质的产后环节也有严格标准。如《畜类屠宰加工通用技术条件》(GB/T 17237)、《肉类加工厂卫生规范》(GB 12694)、《食品企业通用卫生规范》(GB 14881)等。因此,建设相对配套的肉羊产品加工、贮运设施设备,做好屠宰加工、质量安全管理和市场流通体系建设,建立符合国际消费水平的卫生标准质量监测体系,同时建立监测与监督机制,利用现代食品加工技术,如真空技术、超高压灭菌技术、低温杀菌技术等,可显著提高羊肉及其产品质量,提升产品市场竞争力,增加肉羊生产的整体效益。

第三节　肉羊健康养殖的效益分析

随着现代肉羊业的快速发展,肉羊产业的总体规模和质量都有了较大提高,已成为农牧民增收致富的重要支撑。由于养殖规模、饲喂标准、管理水平、出栏时间等存在差异,导致养殖户的经济效益也有很大的差距。如裴学义等对甘肃省安定区肉羊生态循环养殖进行了研究分析,结果表明:采用生态健康养殖技术饲养 4 只以上繁殖母羊的农户,较传统养殖方式每年户均增加 4 060.5 元以上的收入;每只繁殖母羊年均可多产活羔羊 0.6 只,增加收入 226.4 元;每只育肥羔羊可提前 20 天出栏,增加收入 30 元;在冬季前后 5 个月,每只存栏羊日均可节省饲料 0.06 千克。每户饲养 4 只母羊,存栏 15 只羊,为农区全舍饲方式最佳生态循环生产模式,不仅可有效增加农民经济收入,还可带来良好的社会效益与生态效益。为进一步总结、推广肉羊适度规模健康养殖生产模式,促进规范化、标准化肉羊生产发展,对适度规模健康养殖生产模式进行概略的经济效益分析是非常必要的。

一、肉羊健康养殖的效益分析实例

以饲养 500 只小尾寒羊基础母羊为例进行肉羊健康养殖效益分析。

(一)成本

1.基建总造价:82 万元

(1)羊舍总造价　500 只基础母羊舍 500 米^2,羔羊、育成羊周转羊舍 1 250 米^2,25 只公羊舍 50 米^2,共计 1 800 米^2。

按开放式彩钢瓦双列棚设计:

$$1\ 800\ 米^2 \times 250\ 元/米^2 = 45.00\ 万元$$

(2)青贮窖总造价

$$500\ 米^2 \times 100\ 元/米^2 = 5.00\ 万元$$

(3)饲料库及加工车间、兽医室、更衣消毒及储草间等总造价

$$300\ 米^2 \times 600\ 元/米^2 = 18.00\ 万元$$

(4)办公室及宿舍等总造价

$$200\ 米^2 \times 700\ 元/米^2 = 14.00\ 万元$$

以上为基建总造价,合计为 82 万元。

2.机械设备及运输车辆总投资:36 万元

(1)青贮铡草机费用　2.00 万元。

$$2\ 台 \times 1.00\ 万元/台 = 2.00\ 万元$$

(2)兽医药械费用　2.00 万元。

(3)饲料加工成套设备　12 万元。

(4)变压器等机电设备费用+运输车辆费用　20 万元。

以上为机械设备及运输车辆总投资,合计为 36 万元。

以上为固定资产(基建和机械设备及运输车辆)总投资,合计为 118 万元。

每年固定资产摊销(按 10 年计):

$$(基建总造价+机械设备及运输车辆投资)\div 10\ 年$$
$$= 118\ 万元 \div 10\ 年 = 11.8\ 万元$$

3.种羊投资(以小尾寒羊为例):57.5 万元

(1)种羊总投资

$$500\ 只母羊 \times 1\ 000\ 元/只 + 25\ 只公羊 \times$$

3 000 元/只＝57.5 万元

(2)每年种羊总摊销

种羊总投资÷5 年＝57.5 万元÷5 年＝11.5 万元/年

4.饲草饲料成本:63.27 万元

(1)种羊饲养总成本 36.94 万元。

成年羊年消耗干草费用:

525 只种羊×0.75 千克/(天·只)×365 天×

0.90 元/千克(干草)＝12.93 万元

成年羊年消耗精料费用:

525 只种羊×0.35 千克/(天·只)×365 天×

2.48 元/千克(精料)＝16.63 万元

成年羊年消耗青贮料费用:

525 只种羊×1.75 千克/(天·只)×365 天×

0.22 元/千克(青贮料)＝7.38 万元

(2)育成羊饲养总成本 按 90%配种率、250%产羔率、年产 1.5 胎、羔羊断奶成活率 95%、育成率 98%、7 个月出售、5 个月饲喂期,26.33 万元。

育成羊年消耗干草费用:

1 570 只×0.3 千克/(天·只)×150 天×0.90 元/千克＝6.36 万元

育成羊年消耗精料费用:

1 570 只×0.25 千克/(天·只)×150 天×2.60 元/千克＝15.31 万元

育成羊年消耗青贮料费用:

1 570 只×0.9 千克/(天·只)×150 天×0.22 元/千克＝

4.66 万元

(3)总饲养成本　63.27 万元。

种羊饲养总成本＋育成羊饲养总成本
＝36.94 万元＋26.33 万元＝63.27 万元

5.年医药、水电、运输、业务管理总摊销:3.14 万元

20 元/只×1 570 只＝3.14 万元

6.年工人工资:7.5 万元

1.5 万元×5 人＝7.5 万元

(二)收入:144.23 万元

1.年售羊收入:137.60 万元

育肥羊:1 070 只×40 千克/只×20 元/千克＝85.60 万元
育成母羊:500 只×40 千克/只×26 元/千克＝52.00 万元

2.羊粪收入:6.0 万元

1 000 米³×60 元/米³＝6.0 万元

3.羊毛收入:0.63 万元

525 只种羊×2.0 千克/只×6.00 元/千克＝0.63 万元

(三)年经济效益:47.02 万元

年经济效益＝年总收入－年种羊饲养总成本－年育成羊
饲养总成本－年医药、水电、运输、业务管理总摊销费用－
年工人工资－年种羊总摊销－年固定资产摊销＝
144.23 万元－36.94 万元－26.33 万元－3.14 万元－
7.5 万元－11.5 万元－11.8 万元＝47.02 万元

二、发展肉羊健康养殖的对策

(一)积极宣传,大力推广肉羊健康养殖生产模式

充分利用各种新闻媒体和舆论工具,采用多种形式宣传肉羊健康养殖的重要意义,积极推广各地发展肉羊健康养殖的成功经验,普及健康养殖生产知识,增强广大饲养场(户)的健康养殖意识,发挥各级畜牧兽医技术部门、科研院所、产业技术体系和行业协会的技术优势,广泛开展肉羊健康养殖生产培训与指导,通过培训学习,让养殖场(户)掌握健康养殖的基础知识和基本要求,提高健康养殖肉羊的技术水平。

发展肉羊健康养殖是加快肉羊业生产方式转变的突破口。因此要统一思想,提高认识,切实把发展健康养殖作为建设现代肉羊业的头等工作来抓,明确责任,制订具体工作措施,落实具体建设和考核指标。积极争取国家和各级政府政策和资金支持,加强对健康养殖规模场(小区)基础设施建设,提高粪污集约化处理和利用能力。

(二)加强肉羊良种繁育体系建设

肉羊良种繁育在肉羊健康养殖发展中具有重要作用,因此应制订本地区品种繁育的长远规划与目标,积极做好地方肉羊品种资源的保护与利用工作。利用现代繁育技术加快引进种羊的扩繁与推广速度,降低种羊成本,提高供种能力。通过引进国外优良品种,改良本地品种,培育适合当地肉羊生产的新品种、新品系,逐步建立优质种羊扩繁与推广体系。利用杂交优势,广泛开展经济杂交,筛选推广相对稳定优良的杂交组合,推动肉羊健康养殖生产的发展,提高肉羊养殖的总体水平和经济效益。

(三)大力推动肉羊健康养殖生产

引导养殖户转变养殖观念,改善目前的饲养方式,积极推进肉羊健康养殖。大力推广舍饲或以舍饲为主的健康养殖技术,推行健康标准化生产规程,建立标准化生产体系。重点抓好品种、饲料、防疫、养殖技术和产品五个方面的标准化工作,逐步实现种羊良种化、饲养标准化、防疫制度化和产品规格化,促进产业向高产、优质、高效、生态、安全方向发展。扶持优势产区建立现代肉羊标准化生产示范基地,提高标准化圈舍建筑工艺及环境工程设计标准,提升养殖小区环境卫生与疫病控制水平,推动肉羊生产健康发展。同时要鼓励肉羊产品加工企业建立健康养殖基地,建立与畜牧专业合作组织、养殖户之间的利益联结机制,发展肉羊产业化经营。通过龙头企业带动,形成种养加、产加销更为紧密联结的产业链条。

(四)加强食品安全监督管理和监测体系建设

一是强化对涉及羊肉食品质量安全的各个环节,尤其是羊肉加工和流通环节的监管力度,实现对羊肉产品"从生产场到餐桌"的全程监管。严格执行肉羊屠宰加工标准,制订较为科学的羊肉分级标准,形成优质优价机制,促进优质羊肉产品转化增值。采用科技含量高的生产加工技术和冷链物流系统,提高产品质量,增强产品竞争力,提高肉羊产品附加值。二是逐步建立并完善监督抽检、信息发布、投诉举报、应急处置、产品召回等制度措施,加大食品安全违法处罚力度。三是在落实食品安全监督责任的同时,加强完善羊肉产品质量安全监测评估和多层次检验检疫等支撑体系建设。建立和完善肉羊标识及疫病溯源体系;建立羊肉产品质量安全市场准入机制,强制推行 HACCP 认证,确保只有获得质检认证的安全优质羊肉产品才能进入市场,逐步建立有序竞争的规范市场体系。

(五)加快高新技术推广和人才培养

大力推广快速繁育技术、经济杂交育肥技术、人工授精技术、舍饲或以舍饲为主的养殖技术等在肉羊健康养殖生产中的应用。在肉羊饲养管理中,推广建立基于 RFID 的质量安全追溯管理系统,实现肉羊从出生、屠宰到消费各个环节的一体化全程监控。加强饲草料生产基地建设,推广饲草料科学加工调制技术。加强舍饲半舍饲基础设施建设,研究推广科学有效的环境控制技术和粪污无害化处理技术。大力发展推广节约型肉羊生态健康养殖模式。加强畜牧兽医队伍建设,广泛开展疫病预防控制工作。采取优惠措施,鼓励科技人员下基层广泛开展多种形式的科技文化推广活动,提高基层专业技术人员和生产养殖人员的技术水平。

第二章 肉羊繁殖与配种技术

导　读　繁殖配种是肉羊生产中的关键环节,繁殖性能高低主要受品种、年龄、多羔性、受胎率以及饲养管理等多种因素的影响。掌握在舍饲条件下肉羊的繁殖与配种技术,可以提高繁殖性能,进而提高肉羊生产的经济效益。

第一节　肉羊配种的基础条件

一、母羊性成熟与体成熟

(一)性成熟

在青年母羊的初情期之后,母羊的身体和生殖器官进一步发育,生殖机能达到发育完善并具有正常繁殖能力时,叫做性成熟。绵羊的性成熟期一般在 6～10 月龄,山羊一般在 4～6 月龄。母羊刚达到性成熟期时,它的身体生长发育尚未完成,生殖器官发育也未完善,尽量不要配种,因为过早妊娠会妨碍母羊自身的生长发育,所产下的后代有可能会体质较弱、发育不良甚至会出现死胎,泌乳性能也会随之降低,造成泌乳量不足。

(二)体成熟

体成熟又称为开始配种年龄,指肉羊生长发育基本完成,获得了成年羊应有的体型和结构,体成熟较性成熟晚。在同一品种个体间,体成熟年龄受饲养、气候等因素的影响。良种母羊在体成熟后才能配种,绵羊的体成熟年龄公羊在 1.5～2 岁,母羊在 1.5 岁左右,早熟品种能提前半年。有学者认为母羊配种年龄应以体重为依据,当母羊的体重达到该品种成年体重的 70% 以上时,可以开始初配。

二、配种前的饲养管理措施

母羊在配种前 1～1.5 个月实行短期优饲,以提高母羊配种时的体况,达到发情整齐、受胎率高的目的。空怀母羊所面临的任务是配种繁殖,但是有部分舍饲和圈养的羊,即便是处在发情季节也不发情,而且引进良种母羊和杂交母羊多于地方品种。除了营养因素外,无放牧条件和缺乏户外运动是主要因素。只有在保证母羊营养需要的基础上,保持适当运动、体质好、发情整齐,才能使空怀母羊按计划配种、怀孕和产羔。

第二节　同期发情

同期发情就是利用某些激素和药物,对母羊发情周期进行同期化处理,人为地控制一群母羊在一定时间内集中发情的技术。近些年来,在我国养羊数量较多、饲养较集中的地区,为了扩大优良种公羊的利用率,使羊产羔时间集中,便于组群和集约化生产(尤其是肉羊),就要使羊集中发情,便于开展人工授精,因此羊的同期发情技术愈来愈受到养羊者的重视和应用。

一、同期发情的方法

现行的同期发情药物,根据其性质大体分为三类:一类是抑制发情的孕激素类药物,有孕酮、甲孕酮、炔诺酮、氯地孕酮、氟孕酮、18-甲基炔诺酮、16-次甲基甲地孕酮等。这些药物能抑制卵泡生长,延长黄体期。另一类是促进黄体退化的前列腺素(PG)及其类似物,有15-甲基前列腺素、前列腺素甲酯、氯前列烯醇等。其用药方法是将少量前列腺素溶液直接注入子宫或肌肉注射,只处理1~2次即可。还有一类是在应用上述激素的基础上,配合使用促性腺激素,如促卵泡生成素(FSH)、促黄体生成素(LH)、孕马血清促性腺激素(PMSG)、人绒毛膜促性腺激素(hCG)和促性腺激素释放激素(GnRH)及其类似物。这些药物可以增强发情同期化和提高受胎率,并促使卵泡更好的成熟和排卵,提高受胎率。

(一)孕激素处理法

1.孕激素阴道栓法

目前生产上常见的羊用阴道栓有两种形状,一种是海绵阴道栓;另一种是硅橡胶阴道栓。由于阴道栓的制作材料不同,产品形状各异,虽然药效相同,但配种效果却有差异。因为海绵阴道栓吸收水分,可将羊子宫、阴道内的分泌物吸收,在长达数十天中,分泌物变质,部分羊取栓时有恶臭味,导致子宫颈口及周围有不同程度的感染,影响受精。硅橡胶阴道栓不吸水,对羊的正常受精无影响,但硅橡胶阴道栓的价格是海绵阴道栓的2倍,成本较高,因此,目前生产上仅用于胚胎移植时的供体羊。海绵阴道栓成本较低,生产上常用于配种时羊的同期发情或胚胎移植时受体羊的处理。在羊发情周期的任意一天,将孕激素阴道栓放置在被处理羊的阴道深部(子宫颈口),8~14 天后取出,取栓后几天内羊集中发情。这种方法的优点是一次用药、省事,缺点是易发生栓塞脱落现象。

2. 孕激素阴道栓＋孕马血清促性腺激素法

在羊发情周期的任意一天,将孕激素阴道栓放置在被处理羊的阴道深部,8~14 天后取出。取栓的前 1 天,每只羊注射孕马血清促性腺激素 250~400 国际单位。为了减少抓羊次数和劳动强度,便于生产中应用,通常在取栓同时肌肉注射孕马血清促性腺激素,2~3 天内羊集中发情。这种方法比只用阴道栓同期发情效果好。据试验,平均同期发情率可达 95％,甚至达 100％。

山东省农业科学院畜牧兽医研究所试验羊场 2004 年对 130 只小尾寒羊进行同情发情处理,48 小时内 116 只小尾寒羊母羊发情,同期发情率为 89.23％;2008 至 2012 年 5 年间,同情发情处理鲁西黑头肉羊母羊 432 只,48 小时内有 373 只母羊发情,同期发情率平均为 86.34％,其中 2011 年处理 98 只鲁西黑头肉羊母羊,同期发情率达到 90.8％(表 2-1)。

表 2-1　同期发情效果

品种	处理方法	年度	处理羊数/只	48 小时内发情母羊数/只	同期发情率/％
小尾寒羊	海绵阴道栓＋孕马血清促性腺激素	2004	130	116	89.23
鲁西黑头肉羊	阴道内孕酮释放装置(CIDR)＋孕马血清促性腺激素	2008	53	47	88.68
		2009	38	32	84.2
		2010	172	146	85
		2011	98	89	90.8
		2012	71	59	83.1
		平均	432	373	86.34

(二)前列腺素处理法

应用前列腺素及其类似物,溶解母羊卵巢上的黄体,使母羊开始发情。目前国内最普遍使用的前列腺素类药物是氯前列烯醇,处理方法主要有以下两种。

(1)前列腺素一次注射法　在羊发情周期的任一天,注射氯前列烯醇0.1～0.2毫克,几天后处理羊发情。

(2)前列腺素二次注射法　在羊发情周期的任一天,注射氯前列烯醇0.1～0.2毫克,间隔9～12天第2次注射氯前列烯醇0.1～0.2毫克,处理几天内羊集中发情。二次注射法比一次注射法同期发情效果好,原因是前列腺素类药物对母羊排卵5天后形成的黄体才有效,而对5天前的黄体效果不佳。因此,一次注射法对羊进行同期发情时,有部分羊不发情,而间隔9～12天后,母羊的黄体形成在5天以上,再次注射氯前列烯醇,绝大部分羊都能发情,效果良好。

霍生东等(2006)选膘情较好、有正常繁殖史的空怀小尾寒羊157只,分为2组,第Ⅰ组132只,第Ⅱ组25只。同期发情处理时,母羊颈部肌肉注射前列腺素,每只羊用量为0.1毫克/次。第Ⅰ组用方法1和方法3处理,第Ⅱ组用方法2处理。同期发情处理的方法如下。

①一次前列腺素注射法(方法1):对第Ⅰ组进行一次同期发情处理,每只羊每次注射前列腺素0.1毫升。

②二次前列腺素注射法(方法2):第1次对第Ⅱ组注射前列腺素0.1毫升/只,注射日为第0天,注射后第10天进行第2次注射,每只羊注射前列腺素0.1毫升。

③前列腺素补注法(方法3):对第Ⅰ组未发情的母羊在第1次注射前列腺素后第10天补注,每只羊注射前列腺素0.1毫升。

结果表明:第Ⅰ组有132只小尾寒羊采用一次前列腺素注射法,注射前列腺素后,共有107只羊发情,同期发情率81.1%。第Ⅱ组共25只,采用二次前列腺素注射法即第1次注射前列腺素后间隔10天进行第2次前列腺素处理,共16只羊发情,发情率64%。将第Ⅰ组处理后未发情的羊用方法3处理,发情率93.2%。上述结果表明证实方法3发情效果较好,而且省时、省力,在实际工作中易于推广(表2-2)。

表2-2 不同处理方法同期发情效果

处理方法	同期发情处理羊数/只	发情羊数/只	同期发情率/%
方法1	132	107	81.1
方法2	25	16	64.0
方法3	132	123	93.2

小尾寒羊的同期发情各种方法均可用,但以阴道栓法和前列腺素法较为适用。在小尾寒羊的同期发情处理时通常使用氟孕酮阴道海绵栓或埋植阴道内孕酮释放装置(CIDR),被认为是控制母羊同期发情最可靠、最准确的方法。到目前为止,同期发情技术在国内外都已经是一项非常成熟的技术,在大规模的生产实践中普遍能达到90%~100%的同期发情率。

二、同期发情应注意的问题

在注重同期发情效果的同时要考虑成本,氯前列烯醇成本低,操作简单,但只能在羊的繁殖季节使用,非繁殖季节使用效果不佳。孕激素阴道栓在繁殖和非繁殖季节均可使用,在使用时,配合注射孕马血清促性腺激素效果很好,但成本较高。

注射孕马血清促性腺激素时要特别细心,不能将药品遗留到羊的体外。有些人认为羊的卵巢是一边一个,将药同时注射到羊的体侧两边效果会好。其实不然,据初步观察,注射两边时羊的同期发情率只有50%,而在相同的操作下将药一次注射到羊体的一侧,同期发情率达100%。

使用海绵阴道栓时,由于海绵吸收的黏液对羊的子宫颈口及周围易造成感染,影响受精,因此,在取栓时应配制消炎药水对羊的阴道进行冲洗,提高受胎率。

在用于人工授精的同期发情处理时,要考虑种公羊的多少及配种能力。在公羊不足的情况下,不能同一天将母羊全部处理,否则会出现母羊发情时,公羊不够用的情况。应根据公羊的配种能力,每天处理一定数量的母羊,控制当天发情的母羊数,做到发情就配。

第三节 人工授精

人工授精是在羊自然交配的基础上,为了提高种公羊的利用率,加速品种改良而建立起来的人工繁殖技术。人工授精就是利用适当器械采集种公羊的精液,经过质量检查和稀释,将合格的精液再用器械适时地输入到发情母羊的生殖道内,以代替公、母羊直接交配而使其受孕的方法。人工授精主要包括采精技术、精液品质检查技术、稀释液配制技术、精液的稀释与保存以及精液冷冻、解冻和输精技术。

一、发情鉴定

母羊的发情周期为16~17天,而且为自发性排卵动物。它的排卵时间一般在发情开始后24~30小时。

（一）发情表现

母羊发情时常表现不安，时常鸣叫，一些发情母羊会爬跨其他母羊。外阴红肿，外阴部会排出大量黏液，开始较稀薄清亮，继而变得黏稠。发情母羊会追随公羊，并接受公羊的爬跨。发现发情母羊应将其挑出，并用试情公羊进一步判断母羊的发情阶段。

（二）试情

将结扎输精管2个月以上或带试情布的公羊放入母羊群，公母比例为1∶40，观察母羊追随公羊和接受公羊爬跨的情况。每天2次，每次约1小时。发现母羊接受公羊交配，应立即将发情母羊挑出。也可用试情布将种公羊的腹部兜住，如果晚上或者在没有人看管的情况下，可在兜布下垫一浸有油性颜料的海绵，当试情公羊爬跨发情母羊时，接受爬跨的发情母羊臀部会留下明显印记。此时应将有明显印记的母羊另外组群，母羊接受试情公羊爬跨后6～12小时为配种的最佳时机。

二、人工授精所需设施

（一）采精室

羊的采精室要求地面平整、干燥、清洁、宽敞，面积一般为15～20米²。

（二）操作室

操作室应有两间并与采精室相连，一间用于安装假阴道及有关器械消毒及其他采精用品准备，另一间用于检查精液品质和分装精液、精液冷冻等。操作室的两间位于采精室的一端，并有向采精室传递采精用品和将采到的精液送入精液处理室的窗口。

(三)人工授精所需器械和药品

人工授精所需器械和药品见表2-3。

表2-3 人工授精所需器械和药品

物品名称	数量	物品名称	数量
显微镜(200～600倍)/台	1	呋喃西林/克	500
血细胞计数器/个	1	精液稀释液/毫升	200
盖玻片/盒	1	0.5%龙胆紫/克	10
载玻片/片	50	0.9%氯化钠/毫升	500
天平/台	1	氯化钠(纯)/克	500
集精杯/个	10	长把镊子/把	2
玻璃皿(平皿)/个	5	玻璃漏斗/个	1
酒精灯/个	1	开腟器(羊用)/个	5
调节器/个	5	外科直剪/把	2
量杯(500毫升)/个	2	输精器/支	10
量杯(200毫升)/个	1	瓶刷/个	5
药匙/把	2	带盖瓷杯/个	3
室温计/个	2	操作台/台	1
水温计/个	2	洗脸盆/个	2
蒸馏器/套	1	输精架/个	2
蒸煮器/个	1	试情布/块	5～10
广口保温瓶/个	1	脱脂棉/千克	1
羊用假阴道外壳/个	6	工作服/套	3
羊用假阴道内胎/条	20	口罩/个	5
气嘴及胶塞/套	1	手电筒/个	2
固定皮圈/个	10	新洁尔灭/瓶	5
滤纸/盒	1	来苏儿/瓶	5
75%酒精/千克	3	毛巾/条	5
白凡士林/瓶	1	肥皂/条	5
纱布/包	2	记录本/本	3
烧瓶(250毫升)/个	2	记录笔/支	2
蒸馏水瓶/个	3	橱柜/个	1
玻璃棒/支	3		

1.假阴道的准备

假阴道是羊采精的必备工具,人工授精人员应熟练掌握假阴道各部件的清洗、消毒、安装和调试。

2.假阴道各部件的选择与要求

(1)外壳 假阴道外壳用硬橡胶制成,外壳的内壁与外壁应光滑,无毛刺,无裂缝。

(2)内胎 选用弹性好的橡胶或乳胶制成,内胎应具有耐拉、弹力适当、容易安装的特点。

(3)集精杯 将塑料瓶中装入半瓶35℃的温水,再将集精管装在塑料瓶中,然后旋上无盖顶的瓶盖。

(4)气阀 安装在假阴道外壳的注水孔上,用于向内胎与外壳之间的夹壁内充气,并调节气压,防止夹壁之间注入的水外溢。气阀密封不漏气,阀门转动应灵活。

(5)固定皮圈 用橡胶制成,使内胎固定在外壳上。

(6)保护套 在安装好集精杯后,将保护套安装在外壳上。

(7)保温套 考虑到冬季不易保持夹壁内的水温,可使用保温材料(如真空棉)制作一个假阴道外套。

3.采精用品的拆卸及清洗

采精用品在使用之后应立即拆卸开,以防弹性材料失去弹性和润滑剂凝结在内胎表面不易清洗。

(1)内胎 可用洗涤剂、软毛刷、温水或清水洗涤正反两面,应用清水将洗涤剂及污垢冲洗干净。再用蒸馏水冲洗3～5遍,用夹子夹住内胎一端,光滑面向内,垂直悬挂在橱内晾干,不得在阳光下暴晒或在干燥箱中加热干燥。

(2)外壳 外壳清洗没有严格要求,但应在清洗后放入橱内晾干。

(3)集精杯 集精杯清洗应更严格,用试管刷、洗涤剂、清水将集精杯的集精管内和外壁的表面清洗干净,用蒸馏水冲洗3～5

遍。放入干燥箱内用120℃温度干燥。

4.采精器械的消毒

(1)75%酒精棉球　用于消毒内胎内壁、集精杯的集精管。

(2)95%酒精棉球　用于二次擦拭,提高酒精的蒸发速度,防止酒精残留。

(3)11%～12%灭菌蔗糖溶液　用于冲洗内胎和集精杯内管。

(4)灭菌白凡士林　最好将其分装在灭菌的塑料管内,一次用1管,以减少污染。

(5)大瓷盘2个　用于放置安装假阴道用品。

(6)长柄钳或镊子　用于夹取酒精棉球,对假阴道内消毒。

(7)100℃酒精温度计　用于测量水温和假阴道内的温度。

(8)1 000毫升烧杯2个　用于盛冷水以及调节水温。

(9)玻璃或塑料漏斗　用于向集精杯夹壁间和内胎与外壳夹壁间注入温水或热水。

5.安装假阴道

(1)清点与检查　确认部件齐全、完整、无裂缝及针眼后将经过干燥消毒的各部件放在消过毒的大瓷盘中。

(2)安装内胎与调试　将内胎的光滑面向里,放入外壳内,使两端露出部分长度相当。将两端内胎的一部分翻贴在外壳上,调整周正后,双手向上推卷,使内胎卷起,脱离外壳,并使卷起的长度与原来露出的长度相当或略长,再将内胎套在外壳上,并调整周正。另一端用同样方法,将其翻贴在外壳上。

(3)消毒内胎　用20厘米的镊子夹取75%的酒精棉球,从内向外消毒内胎内壁,然后用镊子再夹取75%酒精棉球消毒集精杯的集精管。最后用95%酒精棉球以同样方法进行第二次擦拭,以促进酒精迅速挥发。

6.注入温水

用1 000毫升大烧杯,将水温调至50(夏)或55℃(冬),用漏斗将温水注入内胎与外壳的夹壁内,注满后,来回摇动几次,将水再倒出 1/2,并用软木塞将注水孔塞紧。在集精杯夹壁内注入 35℃的温水,然后旋上无盖顶的瓶盖。

7. 冲洗

用稀释液将内胎和集精杯冲洗一遍。

8. 涂润滑剂

用玻璃棒醮取少量凡士林或红霉素软膏,均匀涂布于假阴道外口深 1/2 处。

9. 充气

用双连球向假阴道夹壁内充气至压力合适(用玻璃棒插入略有阻力)。

10. 测温

用酒精温度计测量假阴道内的温度。至酒精柱稳定后(需2~3 分钟),温度应为 38~41℃。如果温度不合适,应重新调温注水,倒出部分水后,再加入少量温度更高或更低的水。

11. 保温

将假阴道用毛巾包好备用。

三、采精与精液保存

(一)采精操作

采精是人工授精的第一个步骤,采到不受任何污染的、全份的精液,并保证人、羊安全是对采精人员操作的基本要求。采精人员必须动作敏捷,技术熟练、准确。

(1)采精用品及条件　采精室、假台羊、羊假阴道、一次性手套、采精架。如果不是用发情母羊作为台羊,应对台羊和采精的公羊进行调教。

（2）操作程序

①首先将发情母羊牵入采精架内，其颈部固定在采精架上。然后将母羊的外阴及后躯用0.3％的高锰酸钾水冲洗并擦干。

②将种公羊牵到台羊旁，采精员手持假阴道，面向台羊并蹲于台羊的右后侧。

③当公羊阴茎伸出，并跃上母羊后躯的瞬间，采精员手持假阴道，迅速向前一步，将假阴道筒口向下倾斜与公羊阴茎伸出方向呈一直线，紧靠在台羊尻部右侧。用左手在包皮开口的后方，掌心向上托住包皮，将阴茎拨向右侧导入假阴道内。当公羊腰部用力向前一冲后，即表示射精完毕。公羊射精后，采精员同时使假阴道的集精杯一端略向下倾斜，以便精液流入集精杯中。

④当公羊跳下时，假阴道应随着阴茎后移，不要抽出。当阴茎由假阴道自行脱出后，立即将假阴道直立，筒口向上，并立即送至精液处理室，放气后，取下集精杯，盖上盖子。

（二）精液的保存

1. 常温保存

精液的常温保存是将精液保存在室温（15～25℃）下，也称变温保存。此方法保存的精液在3天内有正常的受精能力，因设备简单，并便于普及和推广。

2. 低温保存

将精液放在0～5℃下保存，一般是放在冰箱内或装有冰块的广口保温瓶中冷藏。在这种低温条件下，精子处于一种休眠状态，运动完全消失，代谢降低到极低的水平。因此，精子的保存时间可以相对延长。采用低温保存精液时，首先要严格遵守逐步降温的操作规程，防止冷休克。其方法是待精液稀释分装后，先用数层纱布或药棉包裹容器，并以塑料袋包装防水，然后置于0～5℃的低温环境中。在整个保存期间应尽量保持温度恒定，防止升温或温度的忽高忽低变化。

3.冷冻保存

在冷冻条件(－196 或－79℃)下,将稀释后的精液制成颗粒或装入细管内保存。

四、人工授精操作步骤

(一)检查精液品质

1.直观检查

(1)射精量 羊的射精量应在 0.5～2 毫升。如果射精量过多或过少均可能存在问题,如假阴道漏水、精液中有尿液、生殖机能下降或副性腺有炎症等情况的发生,要及时查找原因。

(2)色泽 羊的精液应为乳白色或乳黄色。若采出的精液呈其他颜色,均为不正常。

(3)云雾状 在 33～35℃下,羊精液应有明显的云雾状(云团样翻卷),说明精子的密度和活力都较好。

2.活力检查

①将显微镜的载物台温度调至 37～38℃,并使载玻片和盖玻片与载物台等温。

②用微量移液器,取 5 微升精液注入试管中,再取 50 微升于 30℃的低温保存的基础液或 0.9％的氯化钠溶液注入试管中,吸吐若干次。吸取 10 微升上述稀释液滴在预温的载玻片中间,盖上盖玻片,可直接检查活力。

③在 100 和 400 倍的显微镜下判断精子的活力。活力为十级制,前进运动的精子占总精子数的比例不低于 70％,即活力不低于 0.7 方可使用。

(二)配制稀释液

主要用品有:250毫升三角瓶、250毫升烧杯、100毫升量筒、感量为0.1克的天平、玻璃漏斗、电炉、石棉网、玻璃棒、定性滤纸、消毒纸巾、硫酸纸、灭菌牛皮纸、橡皮筋、10毫升一次性注射器、1毫升注射器、5毫升注射器、鸡蛋、75%酒精棉球、葡萄糖、柠檬酸钠、青霉素、链霉素。

1.玻璃用品的清洗与消毒

将所有玻璃用品用洗涤剂洗净,用稀盐酸浸泡并用自来水冲洗干净后,用蒸馏水冲洗4遍,控干水分,用纸将瓶口包好,放入120℃干燥箱中干燥1小时,放好晾干备用。

2.天平校准

将2张圆形硫酸纸放在天平的左右托盘上,校准天平。

3.称量药品

称取配方需要量的药品,并放入大烧杯中。绵羊精液稀释液配方见表2-4。

表2-4 绵羊精液稀释液配方

项目	成分	低温(2~5℃)	冷冻保存液
基础液	葡萄糖(一水)	3.3克	8.8克
	柠檬酸钠(二水)	1.4克	—
	双蒸水	100毫升	100毫升
低温保存液或第一液	基础液	80毫升	80毫升
	卵黄	20毫升	20毫升
冷冻保存液或第二液	第一液	—	47毫升
	甘油	—	3毫升

4.溶液配制

用量筒量取双蒸水100毫升,加入烧杯中,用磁力搅拌器或玻璃棒搅拌使药品溶解。

5.过滤

用一层定性滤纸过滤溶液至三角瓶中。

6.保存

在三角瓶上加牛皮纸盖好,并用橡皮筋固定,放在盖有石棉网的电炉上加热至沸腾,迅速将其取下,放置数分钟,制成基础液。基础液如果不马上使用可置于2~5℃冰箱中备用,保存时间不超过12小时。

7.取卵黄液

取新鲜鸡蛋用75%的酒精棉球消毒外壳,待其完全挥发后,将鸡蛋磕开,分离蛋清、蛋黄和系带,将蛋黄盛于鸡蛋壳小头的半个蛋壳内,并将蛋黄倒在用4层对折(8层)的消毒纸巾上,让蛋黄在纸巾上滚动,使其表面的稀蛋清被纸巾吸附。先用针头将卵黄膜挑一个小口,再用10毫升注射器从小口慢慢吸取卵黄,尽量避免将气泡吸入,同时应避免吸入卵黄膜。吸入10毫升后,再用同样的方法吸取另一个鸡蛋的卵黄。也可将卵黄移至纸巾的边缘,用针头挑一个小口,将卵黄液缓缓倒入量筒中。

8.卵黄液与基础液的混合

取80毫升已凉透的基础液,加入三角瓶中,然后将卵黄液注入或将卵黄液从量筒中倒入三角瓶中,用量取的80毫升基础液反复冲洗量筒中的卵黄,使其全部溶解入基础液中,然后将全部的基础液倒入三角瓶中,慢慢摇匀。

9.加入抗生素

用注射器吸取基础液1毫升,分别注入80万和100万国际单位的青霉素和链霉素瓶中,使其彻底溶解。也可以分别从青霉素瓶中吸取0.1~0.12毫升和链霉素瓶中吸取0.1毫升,将其注入三角瓶中,并摇匀。还有一种方法是称取0.1克青霉素和0.1克链霉素加入三角瓶中,摇匀。用基础液、卵黄液和抗生素混合制成第一液。

10.第二液的制作

用量筒量取第一液 47 毫升,加入另一只三角瓶中,用注射器吸取 3 毫升消毒甘油,注入三角瓶中,摇匀,制成羊冷冻精液的第二液。

(三)稀释精液

所用器具:纱布、冰瓶、塑料膜、吸管、冰箱、刻度试管、橡皮塞、橡皮筋、500 毫升烧杯、温度计(50℃)等。

1.平衡精液与稀释液的温度

将烧杯中的水温调至 33℃,将 2 支刻度试管放入水中,将采到的精液用吸管移至一个刻度试管中,将与精液等量的第一液移至另一个刻度试管中,在水浴中停留 5 分钟。

2.第一次稀释

5 分钟后,根据精液品质检查结果,计算出稀释倍数对新鲜精液进行第一次稀释。稀释时,应将稀释液用吸管移至放精液的试管中,并用吸管混合若干次。

3.降温

将稀释后的精液继续放在 500 毫升烧杯中,降温至室温后,再放入 3℃恒温冰箱中。也可将装精液的刻度试管用纱布包 4~8层,用塑料膜包 1 层,放入加有碎冰的冰瓶中或直接放入 3℃冰箱中。

4.第二次稀释

如果制作冷冻精液,可将第二液和稀释后的精液一起放在500 毫升烧杯中,放入 3℃恒温冰箱中降温 40 分钟后,进行第二次稀释,并放在烧杯中 2 小时进行平衡。

5.精液的稀释比例

可根据精液的密度来决定稀释的比例。为此,首先要进行精液的评定。羊的射精量应为 0.5~2 毫升,精子密度不低于 15 亿个/毫升。为了不因为检查密度花费时间而造成精子活力下降,可在测定活力后,先进行 1∶0.5 的稀释,并在水浴中降温,等测定出结果后再进行一次稀释。

(1)精液的稀释程序　将按稀释需要的第一液放于试管中,与装精液的试管一起置于 33℃ 的水浴中等温 5 分钟,随即将稀释液缓慢加入精液中。羊颗粒冻精按 1∶0.5 稀释,细管冻精 1∶2 稀释。用 4～8 层纱布包裹好,装于塑料袋中,与第二液一起置于 2～5℃ 恒温冰箱中降温;或将装精液的试管直接放在 500 毫升水浴中与第二液一起,置于 2～5℃ 冰箱内降温。待降温 30～60 分钟后,用第二液进行第二次稀释。稀释比为 1∶1。

(2)平衡　在 2～5℃ 的温度下进行平衡,时间是 0.5～3 小时,使甘油渗透到精子内部,起到对精子的防冻保护作用。

(四)输精

1.保定母羊

可将母羊保定在专用的输精架内,输精架应高于地面或在输精架后挖一个坑以便于工作人员操作,或将母羊的后肢放在一个横杆上保定;也可由两名助手将母羊的两后肢提起,使前肢着地,使母羊呈倒立姿势。

2.准备输精器

应先用蒸馏水冲洗输精器管壁内外,然后用酒精进行管内和管壁外的消毒,再用蒸馏水将酒精冲洗掉,将输精器金属部分放在干燥箱中 120～150℃ 消毒 30 分钟并降至室温,将输精器末端接一支 1 毫升注射器,吸取鲜精或解冻后的冷冻精液。

3.消毒外阴部

将 0.3% 的高锰酸钾喷在母羊的后躯,湿润后用消毒纱布擦干。

4. 插入开膣器

压开阴唇裂,将消毒过的开膣器涂上润滑剂,使侧扁的鸭嘴部呈上下方向插入母羊阴道内,然后使手柄向下转动,并张开开膣器,保持撑开状态。

5. 找子宫颈口

子宫颈口可能因黏液存在而不易寻找,可用输精器轻轻拨开黏液,找到插入子宫颈口。冷冻精液必须进行子宫颈口内输精,否则会降低受胎率。有条件的情况下可用腹腔镜子宫角内输精,能提高冷冻精液受胎率。

子宫颈口内输精时,将消毒后在 0.9%氯化钠溶液中浸涮过的开膣器装上照明灯(可自制),轻缓地插入阴道,打开阴道,找到子宫颈口,将吸有精液的输精器通过开膣器插入子宫颈口内,深度约 1 厘米。稍退开膣器,输入精液,先把输精器退出,后退出开膣器。进行下只羊输精时,把开膣器放在清水中,用布洗去粘在上面的阴道黏液和污物,擦干后再在 0.9%氯化钠溶液中浸涮;用生理盐水棉球或稀释液棉球将输精器上粘的黏液、污物擦干净。

6. 输精要求

在正确判断母羊输精适期的基础上,将一定量的优质精液输送至发情母羊的子宫颈口内,输精员应先清洗、消毒母羊阴户及所用器具,用开膣器轻轻扩张阴道,将输精管慢慢插入母羊子宫颈口内 0.5～1 厘米,保证有效精子不低于 7 500 万个。经保存或运输的精液,在输精前最好升温到 38～40℃,经显微镜检查合格后才能输精。母羊的发情持续期是 24～48 小时,其排卵时间是发情后12～40 小时,其适宜的受精时间是发情后 8～20 小时。

7. 输精量

原精输精每只羊每次输精 0.05～0.1 毫升,低倍稀释为0.1～0.2 毫升,高倍稀释为 0.2～0.5 毫升,冷冻精液为 0.2 毫升以上。

五、母羊受胎鉴定方法

(一)外部观察法

母羊发情配种 3 周内不返情,且食欲增进、被毛光亮、性情温顺,即可确认受胎。

(二)超声波探测法

借助 B 型超声波诊断仪对母羊进行妊娠检查,能判断发情配种 4 周的母羊是否怀孕。

第四节 分娩与接羔

一、准备工作

(一)产羔舍

产羔舍要保持地面干燥、通风良好、光线充足、没有寒风。在接羔舍附近,应安排一暖室,为初生弱羔和急救羔羊之用。此外,在产羔前 1 周左右,必须对产羔舍、饲料架、饲槽、分娩栏等进行修理和清扫,并用 2% 的火碱水或 10%～20% 的石灰乳溶液进行彻底消毒。

(二)饲草饲料

冬季产羔在哺乳后期正值枯草季节,如缺乏良好的冬季牧草或充足的饲草、饲料,母羊易缺奶,影响羔羊发育。所以应该为产冬羔的母羊储备充足的青干草、质地优良的农作物秸秆、多汁饲料和适当的精料等。

(三)药品药械

常用消毒药品有来苏儿、酒精、碘酊、高锰酸钾等;产科常用药品有强心剂、镇静剂、脑垂体后叶素、生理盐水、葡萄糖注射液等;常用器械有手术刀、剪刀、注射器、温度计等;常用物品有消毒纱布、脱脂棉、秤、记录表格等。

(四)兽医人员

接羔护羔是一项繁重而细致的工作,要根据羊群分娩头数认真研究,制订接羔护羔的技术措施和操作规程,做好接羔护羔的各项工作。接羔人员必须分工明确,责任到人,对初次参加接羔的工作人员要进行培训,使其掌握接羔的知识和技术。此外,兽医要经常进场进行巡回检查,做到及时防治。

二、接 产

(一)分娩征兆

母羊临产前表现为乳房肿大,乳头直立,阴门肿胀潮红,有时流出黏液;肷窝下陷,尤以临产前 2～3 小时最明显;行动困难,排尿次数增多;起卧不安,不时回头顾腹,喜卧墙角,四肢伸直努责。有时四肢刨地,表现不安,不时咩叫。工作人员应随时观察母羊,如具有上述情况,尤其是出现努责或羊膜露出外阴时,应立即将母羊送进接羔棚。

(二)接产

母羊正常分娩时,在羊水破后 10～30 分钟,羔羊即可产出。正常胎位的羔羊出生时,一般两前肢和头部先出。如后肢先出,最好立即人工接产和助产,以防胎儿窒息死亡。

产双羔时,一般先后间隔 5～30 分钟,但也有 1 小时以上的。当母羊产出第一羔后,须检查是否还有未产羔羊,如见有表现不安、卧地不起或起立后重新躺下努责的情况,可用手掌在母羊腹部前方适当用力向上推举,如还有羔羊,则能触到一个硬而光滑的羔体。对产双羔或多羔的母羊应特别加以注意,在第二、三只羔羊产出时,已疲乏无力,且羔羊的胎位往往不正,所以多需助产。

羔羊产出后,先把其口腔、鼻腔里的黏液掏出擦净,以免因呼吸困难、吞咽羊水而引起窒息或异物性肺炎。羔羊身上的黏液最好让母羊舔净,如母羊不舔或天气寒冷时,须迅速把羔体擦干,以免受凉。羔羊出生 2 小时内要进行称重及初生鉴定,并建立档案。

(三)难产的处理

在羊水破后 20 分钟左右,母羊不努责,胎膜也未排出,应立即助产。助产员剪短指甲,洗净手臂并消毒,涂润滑油;先帮助母羊将阴门撑大,把胎儿的两前肢拉出来再送进去,重复 3～4 次,然后一手拉前肢,一手扶头,随着母羊的努责,慢慢向后下方拉出,但不可以用力过猛,以防伤及产道。

(四)羔羊假死的处理

母羊如分娩时间较长,羔羊出现假死情况,欲使其复苏,一般采用两种方法:一种是提起羔羊两后肢,使羔羊悬空,同时拍其背胸部;另一种是使羔羊卧平,用两手有节律地推压羔羊胸部两侧,暂时假死的羔羊经过处理后即能复苏。

三、产羔后母羊和羔羊的护理

(一)初生羔羊的护理

羔羊出生后,应使其尽快吃上初乳。瘦弱的羔羊或初产母羊,以及保姆性差的母羊,需人工辅助哺乳。如因母羊患病或一胎多羔奶水不足时,应找保姆羊代乳。此外,要注意畜舍的环境卫生及羔羊个体卫生等,积极采取预防措施,减少疫病的发生,提高羔羊的成活率。

(二)产后母羊的护理

产后母羊应注意保暖、防潮、避风、预防感冒,让其充分休息。产后应给予质量好、易消化的饲料,但是量不宜过多,经 3～5 天后饲料即可转为正常供给。

第五节　利用多胎基因提高羊的产羔率

小尾寒羊以多胎高产而闻名于世,母羊两年产三胎,产羔率在 250％～300％。而我国大部分绵羊品种,特别是牧区和半农牧区绵羊品种,母羊为一年一胎,一胎一羔;小尾寒羊比一般品种每年可多产 2 只羔羊。许多省份引进小尾寒羊与本地绵羊开展杂交,显著提高了当地绵羊的繁殖性能。近年来,国内对小尾寒羊的多胎性状进行了分子标记,证明 $FecB$ 基因是影响小尾寒羊高繁殖力的一个主效基因,可以用于对产羔数的辅助选择。$FecB$ 基因定位在 6 号染色体上,具有提高排卵和产羔数等生物学作用。利用

含有 $FecB$ 主效基因的母羊建立小尾寒羊核心群,已开始由试验转入实际应用阶段。统计结果表明:纯合型(BB)小尾寒羊产羔数分别比杂合型(B+)和野生型(++)多 0.52 和 1.33 只,杂合型(B+)小尾寒羊产羔数比野生型(++)多 0.81 只。我们已经看到小尾寒羊作为一个优良的地方品种,在我国的肉羊生产中发挥了重要作用。但我们同时相信,随着小尾寒羊多胎基因分子标记技术的应用,今后小尾寒羊在提高我国肉用绵羊产羔率方面将会发挥不可替代的重要作用。

山东省农业科学院畜牧兽医研究所在鲁西肉羊横交固定阶段,选择 4 只理想型公羊(F_2、F_3)与携带多胎基因($FecB$)杂合型(B+)60 只经产母羊(F_2、F_3)配种,产羔 125 只,产羔率 208.3%;与野生型(++)70 只经产母羊(F_2、F_3)配种,产羔 85 只,产羔率 121.4%,平均提高 86.9 个百分点($P<0.01$)。经测定,携带多胎基因(B+)母羊所产羔羊体重 3.53 千克($n=117$),不携带多胎基因(++)母羊所产羔羊体重 4.74 千克($n=64$),后者比前者提高 1.21 千克(34.27%),差异极显著($P<0.01$);野生型(++)母羊所产羔羊的体高、体长、胸围、管围 4 项指标均高于杂合型(B+)母羊所产后代,但差异不显著($P>0.05$)。野生型(++)与杂合型(B+)母羊所产羔羊断奶体重分别为 33.37 和 30.69 千克,平均日增重相应为 299 和 317 克。两个不同类群间断奶体重和日增重指标均较接近($P>0.05$),体尺指标差异也不显著($P>0.05$)。结果还显示:携带多胎基因母羊横交后裔,3 月龄平均体重和体尺均达到或接近纯种杜泊绵羊水平;体型外貌趋向于杜泊绵羊;而产羔率显著高于杜泊绵羊,为培育鲁西肉羊多胎品系奠定了基础。

第三章 肉羊健康养殖与调控

　　导　　读　健康养羊的概念具有系统性、集成性和生态性的内涵。健康无公害养殖是一个系统工程,包括生态环境调控、遗传育种、饲料营养、养殖技术、疾病防治等方面。集成性是指健康养殖是新理论、新技术、新材料、新方法在肉羊养殖上的高度集成,谋求经济与社会效益的统一。生态性是指根据羊的生物学特性,运用生态学原理来指导肉羊生产,也就是说要为羊营造一个良好的、有利于生长的生态环境。了解健康养殖与调控技术,运用科学、先进的方法和手段养殖肉羊,从而获得质量好、产量高的产品,且产品及环境均无污染、无公害,达到养羊和自然环境的和谐。

第一节　肉羊健康养殖技术与应用

一、空气质量

　　自然生态环境对肉羊育肥影响较大,尤其是空气质量,空气质量不好将直接影响育肥羊的增重和饲料报酬。如肉羊育肥场的空气质量不良,不仅影响羔羊的健康,诱发呼吸道疾病,而且影响大气环境和人类的健康。因此,改善空气质量,是保障养羊生产健康发展的基本条件。建议空气中不良气体和悬浮颗粒不超过表 3-1 中相应指标的数据。

表 3-1 空气质量指标

项目	氨气/ (毫克/米³)	硫化氢/ (毫克/米³)	二氧化碳/ (毫克/米³)	总悬浮颗粒物/ (毫克/米³)	恶臭 稀释倍数
指标	20	8	1 500	4	70

二、圈舍环境

良好的饲养环境,是减少应激,降低呼吸道疾病、减少兽药使用,提高产品品质的重要保障。针对肉羊的生理和生态特点,研究不同生态区域、不同生产规模的羊舍环境标准和控制技术、降低羊场废弃物排放量,是保障肉羊健康养殖和换取绿色和无公害食品的重要环节,也是保障养羊业可持续发展的重要措施。圈舍区污染物排放量控制指标见表 3-2。

表 3-2 控制圈舍区污染物排放量指标

生化需 氧量/ (毫克/升)	化学需 氧量/ (毫克/升)	悬浮物 /(毫克 /升)	氨态氮 /(毫克 /升)	总磷(以 磷计)/ (毫克/升)	粪大肠菌群 (每100毫 升内)/个	蛔虫卵 (每升内) /个
150	400	200	80	8	1 000	2

三、饮水质量

肉羊的饮水量为采食饲料量的 3~4 倍,饮水不足则会引起食欲减退,生长速度降低,饲料消耗增加,严重者可导致脱水。如果饮水质量得不到保障,将会影响羊的健康或导致消化道疾病发生。如饮水中大肠杆菌超标,极易导致消化不良、腹泻、肠炎等。最终影响羊的生长发育及肉的品质。饮水不得有异臭、异味,不得含有肉眼可见物,能达到畜禽的饮用水水质标准(表 3-3)。

表 3-3　饮用水水质标准

项目		标准值
感官性状及一般化学指标	色	色度不超过 30 度
	浑浊度	不超过 20 度
	臭和味	不得有异臭、异味
	总硬度（以碳酸钙计）/（毫克/升）	≤1 500
	pH	5.5～9
	溶解性总固体/（毫克/升）	≤4 000
	氯化物（以 Cl^- 计）/（毫克/升）	≤1 000
	硫酸盐（以 SO_4^{2-} 计）/（毫克/升）	≤500
细菌指标	总大肠菌群/（个/100 毫升）	幼畜≤1,成年畜≤10
毒理学指标	氟化物（以氟离子计）/（毫克/升）	≤2
	氰化物/（毫克/升）	≤0.2
	砷/（毫克/升）	≤0.2
	汞/（毫克/升）	≤0.01
	铅/（毫克/升）	≤0.1
	铬（六价）/（毫克/升）	≤0.1
	镉/（毫克/升）	≤0.05
	硝酸盐（以氮计）/（毫克/升）	≤10

四、饲料与添加剂质量

饲料中有毒有害物质会直接影响羊的健康,长期饲喂会造成蓄积中毒或者死亡,同时对肉品的质量产生不良影响。因此,要严格遵循饲料与添加剂卫生指标(表 3-4),合理配合育肥日粮。

表 3-4　饲料与添加剂卫生指标

序号	安全卫生指标项目	产品名称	指标	备注
1	砷（以总砷计）的允许量/（毫克/千克）	石粉、硫酸亚铁、硫酸镁	≤2.0	不包括国家主管部门批准使用有机砷制剂中的砷含量
		磷酸盐	≤20	
		沸石粉、膨润土、麦饭石氧化锌、精料补充料	≤10	
		硫酸铜、硫酸锰、硫酸锌碘化钾、碘酸钙、氯化钴	≤5	
2	铅（以 Pb 计）的允许量/（毫克/千克）	磷酸盐	≤30	
		石粉	≤10	
3	氟（以 F 计）的允许量/（毫克/千克）	磷酸盐	≤1 800	
		石粉	≤2 000	
4	汞（以 Hg 计）的允许量/（毫克/千克）	石粉	≤0.1	
5	镉（以 Cd 计）的允许量/（毫克/千克）	米糠	≤1.0	
		石粉	≤0.75	
6	氰化物（以 HCN 计）的允许量/（毫克/千克）	木薯干	≤100	
		胡麻饼（粕）	≤350	
7	六六六的允许量/（毫克/千克）	米糠、小麦麸、大豆饼（粕）	≤0.05	
8	滴滴涕的允许量/（毫克/千克）	米糠、小麦麸、大豆饼（粕）	≤0.02	
9	沙门氏杆菌	饲料	不得检出	
10	霉菌的允许量（每克产品中）/（霉菌总个数×10³ 个）	玉米、小麦麸、米糠	<40	限量饲用：40～100禁用:100
		大豆饼（粕）、棉籽饼（粕）、菜籽饼（粕）	<50	
11	黄曲霉毒素 B_1 允许量/（微克/千克）	花生饼（粕）、棉籽饼（粕）、菜籽饼（粕）、玉米	≤50	
		豆粕	≤30	

注:摘自 GB 13078—2001《饲料卫生标准》,饲料中允许量均以含干物质 88% 为基础。

第二节 种公羊的饲养管理

种公羊舍饲以后,改变了它的生活习性,使羊的生理过程发生了一系列的变化。加之运动减少,饲料单一,容易导致舍饲种公羊出现繁殖障碍等问题。因此,应针对舍饲种公羊存在的问题,结合实际情况,采取科学的饲养管理方法加以解决。

一、配种前

(一)调整日粮

在配种前调整种羊日粮,是配种期积蓄营养和打基础的良好时期,配种前1~1.5个月开始补喂精料,供给量为配种期标准的60%~70%。舍饲公羊可按禾本科干草35%~40%,多汁饲料20%~25%,精饲料45%的比例饲喂。也可每只每日补喂混合精料0.7~1千克,优质干草1~2千克,胡萝卜0.5千克,食盐10克,磷酸氢钙10克,鸡蛋1枚,日喂3次,自由饮水。

(二)加强运动

开始每天运动不低于1小时,7天后视种公羊体况逐渐增加2~3小时。

(三)检查精液品质

配种期前2周,开始采精训练,每隔3天采精1次,直至每日采精1次。严格检查精液品质,发现问题,及时研究解决方法,以保证配种期公羊的精液品质。

二、配种期

(一)营养需要

体重 90 千克的种公羊,每天需要 21 兆焦以上消化能和 250 克以上的可消化蛋白质。同时根据配种强度相应调整标准喂量和其他特需饲料(牛奶、鸡蛋等)。当给予的蛋白质饲料品质好、数量足时,种公羊性机能旺盛,射精量多,精子密度大,母羊受胎率高。此外,钙磷比例要适当。

(二)饲养管理

饲养种公羊的日粮原料质量要好。日粮定额可参考如下标准:精料 1～1.5 千克,青干草 1～2 千克,胡萝卜 0.5～1.5 千克,食盐 10～15 克,磷酸氢钙 10～15 克。种公羊的日粮配方及营养水平参见表 3-5。

(三)配种与利用

1.5 岁以内的种公羊,一天内配种或采精不宜超过 2 次;2 岁以上的种公羊,每天可利用 2～3 次,最多不超过 4 次;小公羊每天配种 1 次,连续配种 2 天,休息 1 天。配种或采精后不能立即让公羊饮冷水,必须停 0.5 小时后才可饮水,冬季要饮温水。同时每天保持运动 1～2 小时。

三、非配种期

首先,于配种结束后,当天停止运动,以防继续消耗体力。其次,按非配种期的饲养标准,逐渐减少精料量,但不要立即停喂精料。体重 80～90 千克的种公羊,每日需要 16.7～21 兆焦消化能和 150～160 克可消化粗蛋白质。舍饲情况下,一般每日供给混合精料

0.5 千克,干草 1～3 千克,胡萝卜 0.5 千克,食盐 5～10 克,磷酸氢钙 5 克。种公羊(非配种期)的日粮配方及营养水平见表 3-6。

表 3-5　种公羊的日粮配方及营养水平

日粮组成	饲喂状态		干物质		营养成分	日进食量	
	配方 1	配方 2	配方 1	配方 2		配方 1	配方 2
花生秧/千克	1.5		1.35		干物质/千克	2.85	2.87
甘薯秧/千克		2.0		1.8	消化能/兆焦	34.26	32.51
青贮玉米秸/千克	0.5		0.13		粗蛋白质/克	405	365.51
胡萝卜/千克	0.5	1.5	0.05	0.16	钙/克	22.12	26.39
玉米/克	765	555	690	465	磷/克	7.71	6.72
麸皮/克	400	250	360	225			
豆粕/克	300	200	270	180			
磷酸氢钙/克	10	10	10	10			
食盐/克	15	15	15	15			
添加剂/克	10	10	10	10			
合计/千克	4.000	4.500	2.89	2.87			

注:①青贮玉米秸为整株带穗玉米。本章以下表中所用青贮玉米秸与此相同。
②添加剂:每千克日粮中添加铁 50 毫克,铜 6 毫克,锌 60 毫克,锰 50 毫克,钴 0.2 毫克,碘 0.3 毫克,硒 0.2 毫克,维生素 A 1 000 国际单位,维生素 D_3 200 国际单位,维生素 E 15 国际单位。本章以下表中所用添加剂与此相同。

表 3-6　种公羊(非配种期)的日粮配方及营养水平

日粮组成	饲喂状态	干物质	营养成分	日进食量
青干草/千克	1.5	1.38	干物质/千克	2.40
青贮饲料/千克	1.5	0.54	消化能/兆焦	26.64
玉米/千克	0.7	0.62	粗蛋白质/克	192.2
磷酸氢钙/克	10	9.9	钙/克	11.65
食盐/克	15	15	磷/克	4.9
合计/千克	3.73	2.57		

四、种公羊的日常管理

种公羊要单独组群饲养,除配种外,尽量远离母羊,不能公母混养,以防乱配,消耗体力,影响正常配种。种公羊喜欢顶斗,尤其是配种期间,互相争斗,互相爬跨,不仅消耗体力,还易造成创伤。因此,饲养人员应多观察,发现公羊顶架应及时予以驱散。种公羊每天必须坚持运动,使种公羊保持中等膘情。饲养人员最好对舍饲的种公羊实施驱赶运动,每天上午、下午各运动2小时左右。当采取快步驱赶时,要在40分钟内走完3千米。这样可使种羊体质健壮,精力充沛,精子活力旺盛。种公羊圈舍应勤换垫草、垫料,清除粪污,通风良好,保持清洁干燥。夏季在羊运动场内搭建遮阳凉棚,使种公羊在阴凉处休息,同时供给充足的饮水,做好防暑降温工作。定期消毒、定期防疫、定期驱虫、定期修蹄,保证种公羊有一个健康的体魄。要经常观察种公羊的食欲好坏,发现食欲不振时,应立即找出原因,及时解决。种公羊配种期的日常管理见表3-7。

表 3-7　种公羊配种期的日常管理

时间	管理日程	指标要求	效果评价
6:00—8:00	驱赶运动	3 000~4 000 米	
8:00—9:00	喂料	混合精料占日粮的 1/2,鸡蛋 1~2 枚	
9:00—11:00	配种、采精		精子活力 0.7 以上
11:00—14:00	自由采食青干草、饮水		
14:00—15:00	舍内休息		
15:00—17:00	配种、采精		精子活力 0.7 以上
17:00—18:00	喂料	混合精料占日粮的 1/2,鸡蛋 1~2 枚	
18:00—20:00	自由采食青干草、饮水		
20:00 后	舍内休息		

第三节 种母羊的饲养管理

种母羊具有繁殖的功能,是羊群发展的基础。种母羊的饲养可分为空怀期、妊娠期和哺乳期3个阶段。根据母羊不同生理时期,应采取适宜的营养水平,合理的日粮搭配,保持良好的繁殖体况。突出强化妊娠后期和哺乳前期的补饲,以达到实现多胎、多产、多活、全壮的目的。

一、空怀母羊的饲养管理

空怀母羊是指从羔羊断乳到配种受胎的时期。此期要注意母羊的抓膘复壮,在配种前1~1.5个月实行短期优饲,提高母羊配种时的体况,达到发情整齐、受胎率高。

(一)营养需要

空怀期母羊的营养需要量:以体重60千克为例,每日需要干物质1.7千克,消化能18.4兆焦,粗蛋白质157克,钙5.5克,磷2.9克。

(二)饲养管理

可按每只每日喂给:禾本科干草1千克,玉米青贮2.0千克,混合精料0.45千克,磷酸氢钙15克,食盐10克,添加剂5克。也可按以下配方(表3-8)饲喂。

表 3-8　空怀母羊的日粮配方及营养成分

日粮组成	饲喂状态	干物质含量	营养成分	含量
花生秧/千克	0.5	0.46	干物质/千克	1.57
地瓜秧/千克	0.5	0.46	消化能/兆焦	15.43
青贮玉米秸/千克	2.0	0.50	粗蛋白质/克	159
玉米/克	110	100	钙/克	18.82
麸皮/克	50	45	磷/克	5.48
豆粕/克	50	45		
磷酸氢钙/克	15	15		
食盐/克	10	10		
添加剂/克	5	5		
合计/千克	3.24	1.64		

(三)适当运动

空怀母羊所面临的任务是配种繁殖,但是有部分舍饲和圈养的羊,即便是处在发情季节也不发情,而且引进良种母羊和杂交母羊多于地方品种。除了营养的因素外,无放牧条件和缺乏户外运动是主要因素。只有在保证母羊营养需要的基础上,保持运动好、体况佳、发情整齐,才能使空怀母羊按计划配种、怀孕和产羔。

二、妊娠母羊的饲养管理

母羊怀孕的前 3 个月为妊娠前期,后 2 个月为妊娠后期。妊娠前期胎儿发育较慢,所需营养与空怀期基本相同,一般饲喂普通日粮即可满足营养需求。

(一)妊娠前期

以体重 70 千克为例,每日需要干物质 1.4 千克,消化能 14.2 兆焦,粗蛋白质 130 克,钙 3.5 克,磷 2.9 克。日粮可由 50％青干草、30％农作物秸秆、15％玉米青贮料、5％精料配成。此阶段一切管理措施都要围绕保胎来考虑,避免羊群吃霜草和霉烂饲料,避免惊群和剧烈运动等,以防发生早期隐性流产。妊娠前期母羊的日粮配方及营养水平参见表3-9。

表3-9　妊娠前期母羊的日粮配方及营养水平

日粮组成	含量	营养成分	含量
花生秧/千克	0.6	干物质/千克	1.88
地瓜秧/千克	0.6	消化能/兆焦	18.41
青贮玉米秸/千克	2.0	粗蛋白质/克	184.45
玉米/克	200	钙/克	21.47
麸皮/克	50	磷/克	5.75
豆粕/克	50		
磷酸氢钙/克	15		
食盐/克	10		
添加剂/克	5		
合计/千克	3.53		

(二)妊娠后期

妊娠最后5～6周对营养物质的需要量迅速增加,胎儿生长发育加快,此时母羊本身也需要积蓄大量养分,有的母羊又属多胎高产羊,所以饲养要最大限度地满足其营养需要。管理上要特别精心。这一时期母羊营养供应不足,可导致初生重小,抵抗力弱,成活率低,生长发育缓慢等。

母羊妊娠后期的营养需要量:干物质2.0千克,消化能24兆焦,粗蛋白质220克,钙8.2克,总磷8.1克。妊娠第4个月,胎儿平均日增重40～50克;妊娠第5个月,胎儿平均日增重高达150～250克,且骨骼已有大量的钙、磷沉积。母羊妊娠的最后1/3时

期,对营养物质的需要增加 40%～60%,钙、磷的需要增加 1～
2 倍。也可在维持需要的基础上加以调整,一般怀双羔的母羊增加
20%,怀三羔的母羊增加 30%～40%。

建议每只每日喂给秸秆 0.5～1 千克、优质干草 0.5 千克、混
合精料 0.5 千克。或每只羊每天需补饲精料 450 克、干草 1～1.5
千克、青贮料 1.5 千克、食盐和磷酸氢钙各 15 克,以促进胎儿生长
发育。也可参考表 3-10 所给出的日粮配方。

表 3-10　妊娠后期母羊的日粮配方及营养水平

日粮组成	含量	营养成分	含量
花生秧/千克	0.8	干物质/千克	2.09
地瓜秧/千克	0.7	消化能/兆焦	21.21
青贮玉米秸/千克	1.5	粗蛋白质/克	234.0
玉米/克	220	钙/克	23.64
麸皮/克	100	磷/克	6.16
豆粕/克	100		
磷酸氢钙/克	15		
食盐/克	10		
添加剂/克	5		
合计/千克	3.45		

2010 年 10 月山东省农业科学院试验羊场对 10 只鲁西黑头
肉羊怀孕后期母羊日采食量进行测定:花生秧草粉 1.24 千克,玉
米粒 0.25 千克,精料混合料 0.5 千克,玉米全株青贮 1.7 千克。
经观察母羊体况良好,产羔率高,羔羊健壮。

三、围产期母羊的饲养管理

围产期(产前 10 天和产后 10 天)要让母羊适当运动,注意胎

位变化,防止出现难产及产前、产后瘫痪,主要管理措施如下。

(一)补饲精料

在舍饲情况下,每日除满足妊娠母羊 2.5~3 千克优质鲜草外,还要补饲玉米、麸皮、豆粕等混合精料 0.5 千克和适量的矿物质及维生素。在缺乏优质青干草的冬春季节,补饲量要增加到 0.8 千克左右。

(二)预防流产

管理上也要注意做到"三稳三防",即入出羊舍要稳,防挤撞;放牧要稳,山区应避免在陡坡上放羊,防惊吓猛跑和爬沟坎,以防流产;饮水要稳,防跌倒,以免发生流产、死胎。冬季要给妊娠母羊饮温水,不可饮带冰碴儿的水。怀孕母羊要严禁饲喂发霉变质的饲草饲料,不饮冰冻水。在放牧时,做到慢赶,不打冷鞭,不惊吓,不跳沟,不走冰滑地;出入圈舍不拥挤,不无故拽捉惊扰羊群,及时阻止羊间角斗,以防造成流产。

(三)适当运动

产后 1 周要做好带羔母羊的运动,到比较平坦的地方吃草、晒太阳;母羊和羔羊放牧时,时间要由短到长,距离由近到远。

(四)抓好营养调控

对于产双羔或多羔的母羊要格外加强管理,并适当增加精料。对即将断奶的母羊要注意减料,特别是减精料和多汁饲料的喂量,防止发生乳房炎。同时对发情羊及时配种,以利进入下一个繁殖周期。

(五)管理上要做到"六净"

所谓"六净",即料净、草净、水净、圈净、槽净、羊体净。同时要供给充足的饮水。母子圈舍,要勤换垫草,经常打扫,污物要及时清除,保持圈舍清洁、干燥、温暖。定期消毒,以减少疾病的发生。

(六)预防母羊产前产后瘫痪

当母羊怀三羔或多羔,或母羊年老体弱,或日粮中不能提供大量能量时,极易导致母羊产前或产后瘫痪,产生弱羔甚至死胎,是小尾寒羊常见的一种代谢病,多发于产前 1～2 个月。特别是高产母羊,一旦治疗不当,往往造成不良后果。预防和治疗措施如下:在怀孕后期将可能出现瘫痪的母羊,单独饲养,将日粮能量或谷实类饲料比平时提高 50% 以上,同时添加磷酸氢钙 15 克、食盐 10 克拌料。出现症状的用红糖 30～50 克、麸皮 100～150 克,开水冲后调温,让母羊饮用。

(七)做好接产准备、把握接产时机

母羊妊娠后期和分娩前管理要特别精心。一般要准确掌握妊娠母羊的预产期,提前做好接产准备。应对羊舍和分娩栏进行一次大扫除,大消毒,修好门窗,堵好风洞,备足褥草等。母羊临产前 1 周左右,不得远牧,应在羊舍附近做适量的运动。若发现母羊胺窝下陷,腹部下垂,乳房胀大,阴门肿胀流黏液,独卧墙角,排尿频繁,时起时卧,不停回头望腹,发出鸣叫时,都是母羊临产前的表现,应随时准备接产。母羊产后,应及时饮红糖麸皮水,并立即生火驱寒,促使母羊借助温度舔干羔羊,尽快给羔羊吃上初乳,并保持母仔在背风朝阳铺有垫草的栏内活动。

四、哺乳期母羊的饲养管理

母羊哺育羔羊时间为 2～3 个月,分为哺乳前期和哺乳后期。抓好哺乳母羊的饲养管理,母羊产奶多,羔羊发育好,抗病力强,成

活率高。如果母羊养得不好,不仅母羊消瘦,产奶量少,而且直接影响羔羊的生长发育。母羊产后1周圈内饲养,1周后可到附近草场放牧,每日返回2～3次,给羔羊哺乳,晚间母仔合群自由哺乳。

(一)哺乳前期

带羔母羊50千克体重,每天产奶2千克,哺育双羔。每日需干物质2.2千克,消化能32.6兆焦,粗蛋白质197克,钙8克,磷5克,食盐10克。因母羊产羔后的体力和水分消耗很大,消化机能较差,产后几天要给易消化的优质干草,饮麸皮水。为了提高母羊泌乳力,除给母羊喂充足的精料、优质干草、多汁饲料外,还应注意矿物质和微量元素的供给。可采用每天补给混合精料0.5～1千克,干草2千克,青贮1～1.5千克,磷酸氢钙10克,食盐10克。

母羊补饲重点要放在哺乳前期。羔羊出生后15～20天内,母乳是唯一的营养来源。母羊乳汁的多少是影响羔羊成活的关键,母羊奶多,则羔羊发育好,抗病力强,成活率高,否则将影响羔羊成活。因此,要特别注意给母羊补饲。产单羔母羊:每天喂精料0.5千克,青贮及鲜草5千克。产双羔母羊:每天喂精料0.75千克,青贮或鲜草5千克。产三羔母羊:每天喂精料1千克,青贮及鲜草7.5千克。产四羔以上母羊:每天喂精料1.5千克,青贮或鲜草10千克。

(二)哺乳后期

从3月龄起,母乳只能满足羔羊营养的5%～10%。加之羔羊已具有采食植物饲料的能力,已不再完全依赖母乳生存,补饲标准可降低些,一般精料可减至0.45千克,干草1～2千克,青贮1千克。

哺乳母羊日粮配方及营养水平参见表3-11。

表 3-11　哺乳母羊日粮配方及营养水平

日粮组成	饲喂期		营养成分	饲喂期	
	哺乳前期	哺乳后期		哺乳前期	哺乳后期
苜蓿干草/千克	0.8	0.5	干物质/千克	2.42	1.77
地瓜秧/千克	0.7	0.5	消化能/兆焦	28.79	20.0
青贮玉米秸/千克	1.0	1.7	粗蛋白质/克	346.0	228.1
玉米/克	720	410	钙/克	23.31	18.63
麸皮/克	100	50	磷/克	8.87	7.16
豆粕/克	100	50			
磷酸氢钙/克	15	15			
食盐/克	10	10			
添加剂/克	5	5			
合计/千克	3.45	3.24			

第四节　羔羊培育技术

初生羔羊抵抗力弱，消化机能不完善，对外界适应能力较差，且处于营养来源从母体血液、奶汁转为草料的过程，变化很大。羔羊的发育又同以后的成年羊体重、生产性能密切相关。因此，必须高度重视羔羊的饲养管理，把好羔羊培育关。针对羔羊的生长特点，饲养管理上应把握以下几个环节。

一、护理羔羊

(一)净身
对新生羔羊，接产者要及时清除口、鼻、耳内的黏液，躯体上的黏液让母羊舔干净,并及时让羔羊吃上初乳。舔羔一方面可促进羔羊体温调节、排出胎粪;另一方面可促使母羊排出胎衣。如果母羊不愿舔,可将麸皮撒在羔羊身上,这样母羊就会立即舔干。

(二)保温

初生羔羊毛短,且自身调节体温能力差,对外界环境温度变化非常敏感,天冷时要注意保暖。尤其是我国北方产冬羔和早春羔时,必须做好防寒工作。羊舍要准备取暖设备,如安置火炉、火墙等来提高舍内温度,羔羊舍温一般要保持在10℃以上。同时地面铺垫柔软干草、麦秸,以御寒保温,防止羔羊受冻。

(三)防病

羔羊产后3～5天内的粪便,色黄而黏稠,常堵塞肛门,影响排便。饲养人员要随时检查,发现粪便堵塞肛门,要及时用剪子剪掉,操作时防止剪伤皮肤。

羔羊生后15天左右,部分羔羊有吃土、吃毛的恶习,这一时期容易诱发胃肠疾病。因此,应在保持圈舍干燥卫生的前提下,在羔羊舍内放置食槽和饮水槽,让羔羊自由采食和饮水。

二、吃初乳

分娩完毕,用温消毒水洗涤母羊乳房,擦干后即可辅助羔羊吃初乳。

(一)初乳的营养

初乳系指母羊分娩后1～3天内分泌的乳。初乳为黄色浓稠状,营养成分极为丰富,蛋白质、脂肪和氨基酸组成全面,维生素较为齐全和充足。与常乳相比较,干物质含量高 1.5 倍,脂肪高 1 倍,维生素 A 高 10 倍以上,而且容易消化吸收。初乳还含有免疫球蛋白和多种抗体。

(二)及早吃初乳

羔羊对初乳的吸收效率,随出生时间的延长而迅速降低,有试验证明,18 小时后新生羔羊从肠道吸收抗体的能力开始减弱并逐渐消失。所以,羔羊出生后吃初乳的时间越早越好,初乳吃不好,将给羔羊带来一生中难以弥补的损失。生后 10～15 小时仍吃不上初乳,羔羊的死亡率相应增高。

(三)初乳的作用

羔羊出生后,应立即辅助其吃到初乳。在羔羊出生后几小时内从初乳中获得的抗体的主要功能是抵御外界微生物侵袭,具有防病和保健作用。初乳含矿物质较多,特别是镁,镁有轻泻作用,可促进胎粪排出。应保证羔羊在产后半小时内吃到初乳,最迟不要超过 1 小时。早吃、多吃初乳对增强羔羊体质和抗病能力具有重要作用,同时对母羊生殖器官的恢复也有积极作用。

三、辅助哺乳

在正常情况下,羔羊出生后就会吃奶,但初产母羊及哺育力差的母羊所生的羔羊,需要人工辅助哺乳。

(一)引导羔羊吃奶

其中一种方法是先把母羊固定,将羔羊放在母羊乳房前,让羔羊寻找乳头吃奶,经训练很快建立起母仔哺育行为。

(二)强制彼此适应

把母羊的乳汁涂在羔羊身上,或将麸皮撒在羔羊身上让母羊舔食,使母羊从气味上接受羔羊。或将母仔放在同一母仔栏内,强制彼此适应达到哺乳目的。经过几天适应就可认羔哺乳。母羊认羔后可除去母仔栏,放入大群中喂养。

(三)人工投服

如果新生羔羊较弱,通过人工辅助仍不能张口吃到初乳,最好把初乳挤出,让有经验的兽医将细胃管(小动物专用)轻轻插入羔羊食管内灌服。羔羊生后数周内主要靠母乳维持生命。要有专职饲养员照顾好羔羊吃母乳,对一胎多羔的母羊也要人工辅助哺乳,防止强者吃得多,弱者吃得少。

四、选调保姆羊

选保姆羊时最好选带1只羔羊、营养状况良好、泌乳力强的母羊或失去羔羊的母羊。寄养待哺羔羊的日龄与"保姆"羊产羔日数尽量接近(最好前后不超过3天)。可将保姆羊乳汁涂在寄养羔羊的身上,使母羊难以辨认而给予哺乳。如遇母羊不肯给羔羊哺乳,饲养员应定时限制母羊活动或给予适当保定,确保羔羊能吃足吃好"保姆乳"。

五、人工哺乳

随着羔羊日龄和哺乳量的增加,很可能出现母羊奶量不足的情况,这时要给羔羊进行人工哺乳。

(一)用代乳粉哺育羔羊

1. 代乳品成分与配方

为方便起见,也可选用羊奶、牛奶和奶粉。当用量较多不能满足需要时,可以配制人工乳。羔羊代乳粉营养成分含量见表3-12。

表3-12 羔羊代乳粉营养成分含量 %

营养成分	含量	营养成分	含量
粗脂肪	30~32	乳糖	22~25
粗蛋白质	20~24	灰分	5~10
粗纤维	0~1		

2. 哺乳器具

哺乳工具多为奶瓶,用具要经常消毒,保持清洁卫生。

3. 喂量与方法

喂量为体重的1/5,要注意奶的清洁,做到定时、定量、定质、定温。奶温以38~40℃为宜,最初每日喂5~8次,每次喂150~200毫升,以后逐渐减少喂奶次数,增加喂奶量,最后每天喂3~4次。喂奶后注意给羔羊擦嘴,以防止互相舐咬,引发疾病。

4. 效果

通过以上措施,整个哺乳期羔羊生长迅速,山东省农业科学院畜牧兽医研究所肉羊课题组从2003年开始,用鲜牛奶(加热100℃)调至39℃,用奶瓶饲喂小尾寒羊或杂交羔羊,经多批次测定,平均日增重可达250克左右。国外靠自动喂料系统用人工乳饲喂羔羊,每日消耗180~370克人工乳,日增重180克以上。

(二)代乳粉对羔羊生产性能的影响

李建国等选择80只健康的小尾寒羊羔羊,随机分为4组进行试验,研究代乳粉对羔羊生产性能的影响,并优选出适宜的羔羊代乳粉营养水平和稀释比例。初生羔羊吃足初乳于 5 天后分组,采用逐渐替代法,将母乳转换成 3 种不同营养水平的代乳粉(表3-13),分别以一定的稀释比例哺喂其中三组羔羊,另一组为对照组(喂纯羊乳)。

表 3-13 代乳粉配方组成及营养成分含量

项目	代乳粉1	代乳粉2	代乳粉3
饲料组成			
豆粕/%	24.5	27.0	33.5
奶粉/%	48.0	27.0	31.0
面粉/%		5.0	5.0
玉米面/%	10.0	10.0	5.0
豆油/%	10.0	9.0	12.0
乳清粉/%	5.0	5.0	5.0
小麦麸/%		3.0	3.0
碳酸钙/%	1.0	2.0	2.0
磷酸氢钙/%	0.5	1.0	2.0
食盐/%			0.5
预混料/%	1.0	1.0	1.0
合计/%	100.0	100.0	100.0
营养成分			
干物质/%	93.0	90.0	90.0
粗蛋白质/%	26.0	24.0	26.4
消化能/(兆焦/千克)	21.4	18.9	19.7
粗脂肪/%	20.5	16.0	19.2
粗灰分/%	6.2	5.5	7.4
粗纤维/%	1.2	1.5	1.7
钙/%	1.2	1.4	1.6
磷/%	0.7	0.75	0.94
食盐/%	0.9	0.62	1.15
赖氨酸/%	1.84	1.52	1.74
蛋氨酸/%	0.41	0.35	0.38

结果(表3-14)表明:3个试验组平均日增重以试验1组最高,为193克,试验2组平均日增重为160.5克,试验3组的各个指标均低于对照组,说明与羊乳同等营养水平的代乳粉哺喂羔羊的效果不佳。平均每只羔羊日进食的消化能为9.21兆焦,粗蛋白质为106.92克,哺喂营养含量和稀释比例适宜的代乳粉(试验1组)能促进早期断奶羔羊的生长发育。

表3-14　代乳粉饲喂小尾寒羊(羔羊)试验结果

项目	纯羊奶	代乳粉1:水=1:4	代乳粉2:水=1:4	代乳粉3:水=1:5
消化能/兆焦		21.42	18.90	19.65
粗蛋白质/%		26.00	24.00	24.40
稀释后消化能/兆焦	3.28	4.28	3.78	3.28
稀释后粗蛋白质/%	4.40	5.20	4.80	4.40
始重/千克	6.61	6.63	6.61	6.63
末重/千克	12.66	14.35	13.03	10.91
平均日增重/克	151.25	193.00	160.50	107.00

(三)人工乳哺育缺奶羔羊的效果

刘月琴(2001)用人工乳饲喂羔羊生长发育良好,试验期(7～67日龄)平均日增重达250.7克,而对照组(随母羊哺乳)羔羊生长发育较差,平均日增重为153.7克。羔羊人工哺乳方案参见表3-15。

(四)羔羊代乳粉的使用

由中国农业科学院饲料研究所研究开发的羔羊代乳粉,选用经浓缩处理的优质动物蛋白、植物蛋白和特殊处理的脂肪等原料,经雾化、乳化等现代加工工艺制成,含有羔羊生长发育所需要的蛋白质、脂肪、乳糖等营养物质。

表 3-15　羔羊人工哺乳方案

日龄	日哺乳次数	日采食风干物质			日采食营养		
		人工乳/千克	青干草/千克	混合精料/千克	干物质/千克	代谢能/兆焦	粗蛋白质/克
7～10	6	0.15			0.15	3.5	88
11～20	5	0.2	0.04		0.24	4.6	90
21～30	4	0.25	0.02	0.01	0.28	5.8	95
31～40	4	0.27	0.05	0.05	0.37	7.73	110
41～50	4	0.25	0.1	0.05	0.50	7.95	115
51～60	3	0.2	0.28	0.16	0.64	8.79	120
61～70	3	0.2	0.37	0.28	0.85	9.36	125

1. 营养特点

羔羊代乳粉营养成分含量见表 3-16。

表 3-16　羔羊代乳粉营养成分含量

营养成分	含量	营养成分	含量
干物质/%	≥92	维生素 A/(国际单位/千克)	≥15 000
蛋白质/%	≥23	维生素 D/(国际单位/千克)	≥2 500
脂肪/%	≥12	维生素 E/(国际单位/千克)	≥80
钙/(克/千克)	9～16	赖氨酸/(克/千克)	≥25
磷/(克/千克)	5～10	蛋氨酸/(克/千克)	≥15
食盐/(克/千克)	1～30	苏氨酸/(克/千克)	≥12

2. 产品特点

代乳粉营养成分含量丰富,能满足羔羊的营养需要,促进羔羊生长发育,提高羔羊的日增重,使羔羊提前断奶,并可节约大量牛奶,降低饲养成本。

3. 用法与用量

①用法:将羔羊代乳粉用温度 40～60℃已烧开的水冲泡,混匀,用奶瓶或奶盆喂给羔羊。1 份羔羊代乳粉兑 5～7 份水。

②用量：15 日龄前，每日 3 次，每次 20～40 克代乳粉，开始饲喂时从 10 克逐渐增加饲喂量；15 日龄后每日 2 次，每次 40～60 克代乳粉。

4. 具体操作方法

根据羔羊的日龄和体重，量取 20～40 克(15 日龄前)或 40～60 克(15 日龄后)羔羊代乳粉，倒入奶桶中；按照 1∶(5～7)的比例，量取温开水(40～60℃)倒入奶桶中，充分搅拌均匀，温度调至 38℃左右灌入奶瓶饲喂，喂完代乳粉用毛巾将羔羊口部擦净。奶瓶、奶盆用后应用开水或专用消毒液浸泡消毒，并用干净的水冲洗，阴干备用。

5. 注意事项

羔羊出生后应吃足初乳；饲喂羔羊代乳粉应逐渐从少量增加到正常饲喂量，以免发生腹泻；每天每次饲喂代乳粉的时间要固定；代乳粉要即冲即喂。

六、补料

羔羊处于一生中生长发育最快的时期，对蛋白质、能量和矿物质的需要量较高。此阶段单依靠从哺乳中获得营养已满足不了羔羊的营养需要，必须通过补料提供营养才能满足。补料不但使羔羊获得更完善的营养物质，还可以提早锻炼胃肠的消化机能，尤其是建立正常瘤胃功能的作用，促进胃肠系统的健康发育，增强羔羊体质。

(一)营养水平与配方

为了使羔羊生长发育快，对双羔和三羔的群体除吃足初乳和常乳外，还应尽早补料。羔羊补料日粮配方和营养水平见表 3-17。

表 3-17 羔羊补料日粮配方和营养水平

原料种类	前期	后期	营养成分	前期	后期
玉米/%	48.5	43	消化能/(兆焦/千克)	14.54	13.39
小麦麸/%	7.0	7.0	粗蛋白质/%	18.0	16.8
大豆粕/%	21	17.5	钙/%	0.82	0.69
甘薯秧粉/%	10	15	磷/%	0.70	0.49
花生秧粉/%	10	15	粗纤维/%	10.10	13.13
碳酸氢钙/%	2	1	精料比例/%	80	70
添加剂/%	1	1			
食盐/%	0.5	0.5			
合计/%	100	100			

根据小尾寒羊饲养标准推荐,羔羊在 10 千克阶段,日增重 0.2 千克,每天需要消化能 10.0 兆焦,粗蛋白质 144 克,钙 2.4 克,总磷 2.1 克。由此推断,饲料中消化能不低于 12 兆焦/千克,粗蛋白质不低于 14%为宜。此外,还要注意配合日粮的适口性和消化利用率。如日粮中矿物质和微量元素含量不足,羔羊常有吃土、舔墙现象发生。针对这种情况,可将微量元素做成预混料添加在日粮内,也可制作成盐砖放在饲槽内,任其自由舔食。

(二)饲料调制

将玉米适当粉碎加上其他原料,搅拌均匀配成混合料即可喂用。颗粒饲料体积小,营养浓度大,非常适合饲喂羔羊。所以在开展早期断奶,实施强度育肥时,以采用颗粒饲料为好,实践证明同样的配方,颗粒饲料比粉料能提高饲料报酬 5%~10%,适口性好,羔羊也喜欢采食。

(三)补料时间

一般在羔羊 15 日龄开始给予颗粒饲料,供羔羊随时舔食。

(四)补料方法

为了尽早能让羔羊吃料,最初用颗粒或混合饲料均匀放入羔羊饲槽中。这里介绍一个能促进羔羊采食补充料的诀窍,当夜幕降临后,将母羊和羔羊赶到补饲栏周围相对小的空间里,羔羊因不喜欢挤压,就自然钻进补饲栏作为避难所,如果在补饲栏内放1~2只母羊,可引诱羔羊更快进入补饲栏。之后把母羊赶出,羔羊将呆在补饲栏内吃料和饮水。已经证实,在饲槽上方设置照明设备可提高采食量。羔羊在补饲栏内可采食到饲料,在栏外能吃到母乳,两者结合起来才能满足生长发育的需要。

(五)补料量

10~120日龄的羔羊,一般平均日消耗50~600克颗粒饲料,其中3周龄时每日消耗50克,7~8周龄时每日消耗350~550克。也可按15日龄每天补颗粒或混合精料50~75克,1~2月龄100克,2~3月龄200克,3~4月龄250克。全期合计为10~15千克/只。

(六)饮水

此阶段在供给母羊饮水的同时,要更加注重在补料栏给羔羊提供清洁的饮水,冬季和早春应给羔羊提供温水。饮水量为采食量的2~3倍,如果羔羊喝不到清洁而温度适宜的饮水,将严重影响羔羊的采食和生长发育。

七、羔羊补料效果

冯涛(2004)选择30日龄无角陶赛特与小尾寒羊杂交一代羔羊90只,随机分为3组,每组10只羔羊(公母各半),比较19%、17%、15%蛋白质水平日粮(表3-18)补饲羔羊的效果。试验结果表明：以中蛋白质水平（17％）颗粒饲料补饲羔羊增重效果最好，平均日增重达到 319 克（表 3-19）。

表 3-18   3 种羔羊补饲日粮组成与营养水平

项目	高蛋白质日粮	中蛋白质日粮	低蛋白质日粮
原料种类			
玉米/％	42.0	49.2	53.0
葵花饼/％	11.0	10.0	7.0
苜蓿粉/％	9.7	10.0	13.2
小麦麸/％	10.0	8.5	10.0
菜籽饼/％	7.0	6.2	2.0
大豆粕/％	4.0	3.0	3.0
啤酒酵母/％	6.0	5.0	3.5
棉籽粕/％	6.0	4.0	4.0
石粉/％	1.8	1.8	1.8
磷酸氢钙/％	0.3	0.3	0.3
食盐/％	0.7	0.7	0.7
缓冲剂/％	0.5	0.5	0.5
预混料/％	1.0	1.0	1.0
营养水平			
粗蛋白质/％	19.05	17.07	15.01
消化能/（兆焦/千克）	11.53	11.60	11.59
钙/％	0.95	0.93	0.94
磷/％	0.6	0.55	0.5
粗纤维/％	9.44	8.99	9.35

表 3-19   3 组羔羊的增重效果

项目	高蛋白质组	中蛋白质组	低蛋白质组
日增重/千克	0.29±2.69	0.319±0.45	0.259±2.81
日采食量/千克	0.471±1.71	0.532±2.41	0.484±2.39
料重比	1.642±0.212	1.695±0.23	1.72±0.18

八、适时断奶

羔羊瘤胃发育可分为从出生至 3 周龄的无反刍阶段、3～8 周龄的过渡阶段和 8 周龄以后的反刍阶段。从理论上讲,羔羊断奶的月龄和体重,应以能独立生活并以饲草为主获得营养为准。

(一)断奶时间

从生理角度分析,母羊通常在分娩后 2～3 周达到最大产奶量,其后产奶量下降很快。羔羊 2 月龄时,母乳已不能满足羔羊生长发育的需要。试验证明,羔羊在第 21 天时瘤胃已开始发育,到 49 日龄时瘤胃功能便可达到成年羊状态,羔羊便可利用植物饲料中的营养物质。因此,羔羊以 2 月龄断奶效果为好。

(二)断奶体重

羔羊发育比较整齐一致,可采用一次性断奶。若发育有强有弱,可采用分批断奶法,即强壮的羔羊先断奶,弱小的羔羊仍继续哺乳,断奶时间可适当延长。

(三)断奶方法

断奶后的羔羊留在原圈舍里,母羊关入较远的羊舍,以免羔羊恋母,影响采食。断奶应逐渐进行,开始断乳时,每天早晨和晚上仅让小羊哺乳 2 次。早期断奶集约化生产要求全进全出,即羔羊进入育肥圈时的体重大致相似,若差异较大则不便管理,影响育肥效果。

九、羔羊的日常管理

(一)编号

为了搞好肉羊育种工作和识别羊,必须进行编号。打耳标是目前最常见的一种方法。用铝或塑料制成圆形或长方形的耳标,用特制的钢字钉(或专用笔)把所需要的号码打(写)在耳标上。安置前先用特制的耳钳在羊耳朵上打一圆孔,再将耳标扣上。耳标应打在左耳中下部,用打耳钳打孔时,要避免血管密集区,打孔部位要用碘酒充分消毒。羔羊生下7天以内应打耳号,并应登记在案。

(二)断尾

断尾时间一般在生后7~10天,断尾常用结扎法。结扎法即用细绳或橡皮筋在羔羊第3~4尾椎间紧紧扎住,阻断血液循环,一般经10~15天尾巴自行脱落。如断尾时尾椎留得太少,日后容易导致羔羊脱肛。此法的好处是经济简便,容易掌握;缺点是结扎部位夏秋季易遭蚊蝇骚扰,造成感染,尾巴脱落时间长。发现上述情况,可用5‰碘酊涂擦,也可用抗生素软膏处理。

(三)去角

当羔羊1~2周龄时进行去角。

(四)去势

凡生下花羔、体型不良、发育不好、没有种用价值的公羔,都应及早去势,避免乱交滥配,便于管理和育肥。去势羊可在生后2~3周龄时进行。

(五)修蹄

舍饲的羊要经常修蹄,可用专用修蹄刀或较锋利的小刀,剪去或削去过长部分,使蹄匣与蹄底接近平齐,以利于行走和四肢正常发育。

第五节 优质肥羔生产技术

优质肥羔生产发展如此之快,是因为具有以下优点:一是肉质好。与大羊肉相比,羔羊肉细嫩、瘦肉多、脂肪少、易于消化、营养价值高。国际市场上羔羊肉的价格大大高于大羊肉。二是效益高。羔羊生长速度快,饲料转化率高。据测定,羔羊的饲料报酬为(3~4):1。而成年羊为(6~8):1。三是加快畜群周转。肥羔生产缩短了生产周期,提高了出栏率,同时又提高了羊群中母羊的比例,提高了繁殖力。

一、小尾寒羊育肥

(一)育肥前的准备工作

(1)选羊与分群 选小尾寒羊 50 只,按性别、年龄、体重、强弱合理分群。

(2)驱虫 羔羊育肥前要驱除体内外寄生虫,选用驱虫药物应具有高效、低毒、无残留、无公害等特点。可选用阿维菌素(虫克星)0.2 克/千克体重,注射;丙硫咪唑 15 毫克/千克体重,内服。

(3)备齐草料 备齐备足草料,育肥期间不要轻易变更。需要改变时喂量由少到多,逐步代替。待适应之后,方可全部应用。

(4)日粮配合 日粮营养成分要全,营养浓度要高,精粗饲料搭配要合理。根据羔羊的生理特点、营养需要和当地的饲料资源,配制营养全价的日粮。此时羔羊体重10~20千克,预期平均日增重200克的营养需要量,日粮配方与营养水平见表3-17。为防止羔羊拉稀,促进羔羊生长,提高饲料报酬,在日粮中可使用无公害抗菌促生长类添加剂。

(5)设施配套 应保持有一定的活动场地,羔羊每只占地0.75~1米²。饲槽长度要与羊数相称,每只羊应有25~40厘米的槽位。投饲量不宜过多,以吃完不剩为适度。

(6)自由饮水 要确保育肥羊每日都能喝足清洁的水。据估计,气温在15℃时,育肥羊饮水量在1千克左右;15~20℃时饮水量1.2千克;20℃以上时饮水量接近1.5千克,冬季不宜饮用雪水或冰水。

(7)采用颗粒饲料 颗粒饲料适口性好,羔羊采食颗粒饲料,可以增加采食量,减少饲料浪费,提高饲料的消化利用率。颗粒大小可根据月龄和体重而定,一般羔羊1~1.3厘米,大羊1.8~2厘米。

(二)育肥效果

(1)增重和饲料报酬 参照美国NRC标准配制全颗粒料饲喂肉羊,其平均日增重达到255克(表3-20),单就增重速度来看,已经达到了国内地方品种的先进水平,接近国外肉羊的生产水平。

表3-20 小尾寒羊育肥试验(公母各半)增重效果和饲料报酬($n=28$)

品种	始重/千克	末重/千克	期内增重/千克	平均日增重/克	料肉比
小尾寒羊	23.71	46.65	22.94	255	5.15

（2）产肉性能　6月龄小尾寒羊的屠宰率高于国内地方绵羊品种,胴体净肉率接近国外肉羊品种或略低,其产肉性能参见表3-21。

表 3-21　羔羊(公母各半)产肉性能测定(n=8)

品种	宰前活重/千克	胴体重/千克	屠宰率/%	骨重/千克	净肉重/千克	胴体净肉率/%	肉骨比	眼肌面积/厘米^2	内脏油重/克
小尾寒羊	44.4	21.0	47.3	4.4	16.6	79.1	3.83	15.07	500

长期以来,我国肉羊生产依靠成年羊或利用淘汰的老残羊育肥后屠宰,其增重速度、饲料报酬和肉质品质均低于羔羊和肥羔育肥效果。利用小尾寒羊羔羊育肥,与国外肉羊的生产水平相当,但小尾寒羊比国外肉羊品种产羔率高,适应性好,宜舍饲,在较好饲养条件下发展肥羔生产,也能取得较好的饲养效果。

二、杂交羔羊育肥

2005年山东省农业科学院畜牧兽医研究所肉羊课题组在筛选国外肉羊良种与小尾寒羊杂交组合的基础上,开展了对杂交羔羊育肥和肉质品质的研究,为肉羊杂交改良和发展优质肥羔生产提供科学依据。

(一)杂交组合

（1）选杂交组合　试验选用3个组合,即杜泊绵羊(♂)×小尾寒羊(♀)、萨福克羊(♂)×小尾寒羊(♀)、无角陶赛特羊(♂)×小尾寒羊(♀),以小尾寒羊为对照。

（2）分组与试验期　试验羊为2～3月龄断奶公羔,按体重对等原则将羔羊分组,每组10～12只,每5～6只为1个重复。预试期为 7 天,平均达 5～6 月龄,体重达到 45～50 千克时试验结束。

(3)日粮组成与配制　日粮组成:玉米 43%,小麦麸 7%,大豆粕 17.5%,甘薯秧粉 15%,花生秧粉 15%,碳酸氢钙 1%,添加剂 1%,食盐 0.5%。按配方加工成全颗粒饲料饲喂。日粮营养水平为:消化能 13.6 兆焦/千克,粗蛋白质 150 克,钙 5.4 克,磷 2.5 克。

(4)屠宰测定　从每个处理组中选取 4 只体重接近的公羊进行屠宰测定,宰前禁食 24 小时,禁水 12 小时。屠宰后取背最长肌和股二头肌,制备成代表 4 个肉羊品种的 4 组样品,供化学成分、氨基酸和微量元素分析用。

(二)育肥效果

(1)增重　以杜寒 F_1 生长速度最快,平均日增重达到 313 克;增重速度依次为杜寒 F_1＞陶寒 F_1＞小尾寒羊＞萨寒 F_1(表 3-22)。

(2)饲料报酬　以杜寒 F_1 组合饲料报酬最高,料肉比达到 5.17∶1,其中精料 3.62∶1,干草 1.55∶1。饲料报酬依次为杜寒 F_1＞小尾寒羊＞萨寒 F_1＞陶寒 F_1(表 3-22)。

表 3-22　杂交羔羊育肥试验增重效果和饲料报酬表

项目	小尾寒羊	杜寒 F_1	萨寒 F_1	陶寒 F_1
羊数量/只	12	10	10	10
始重/千克	29.28	28.36	35.58	33.2
末重/千克	45.98	47.14	47.9	47.75
期内增重/千克	16.7	18.78	12.32	12.7
日增重/克	278	313	274	282
料肉比	5.79	5.17	5.93	6.18
精料/千克	4.05	3.62	4.15	4.33
干草/千克	1.74	1.55	1.78	1.85

(3)产肉性能 屠宰测定结果(表3-23)表明,4个处理组胴体重均达到了国家冻羊肉出口标准(SN 0417—1995),杜寒 F_1 屠宰率比小尾寒羊高1.8个百分点。从眼肌面积来看,陶寒 F_1(15.5厘米^2)、杜寒 F_1(15.3厘米^2)分别比小尾寒羊提高26.02%和24.39%。

表3-23 羔羊产肉性能测定结果($n=4$)

项目	小尾寒羊	杜寒 F_1	萨寒 F_1	陶寒 F_1
宰前活重/千克	43.17	44.5	43.2	46.7
胴体重/千克	20.87	22.3	21.5	23.7
屠宰率/%	48.3	50.1	49.8	50.8
骨重/千克	4.8	4.5	4.2	4.6
净肉重/千克	15.7	17.8	16.8	18.5
胴体净肉率/%	75.2	79.8	78.1	78.1
肉骨比	3.27	3.96	4.00	4.02
眼肌面积/厘米^2	12.3	15.3	13.8	15.5

(4)肉品质 肉品质测定结果见表3-24。屠宰后60分钟内,各处理肉的pH指标比较接近。以陶寒 F_1 失水率稍高。肉色以杜寒 F_1、萨寒 F_1 和陶寒 F_1 为好,小尾寒羊眼肌肉色稍差。大理石纹以萨寒 F_1 最好,杜寒 F_1 居中。肌肉的剪切值以萨寒 F_1 最高(3.68千克),相对肉质较粗硬,杜寒 F_1 和陶寒 F_1 肉质较细嫩。

(5)化学成分 不同品种杂交肥羔化学成分组成见表3-25。粗蛋白质含量依次为萨寒 F_1 20.8%、陶寒 F_1 20.5%、杜寒 F_1 20.1%,均高于小尾寒羊(19.6%)。以小尾寒羊肥羔含磷最高(0.21%),杜寒 F_1 与小尾寒羊接近,萨寒 F_1 和陶寒 F_1 略低,各组间差异不显著。

表 3-24　羔羊肉品质测定结果($n = 4$)

项目	小尾寒羊	杜寒 F_1	萨寒 F_1	陶寒 F_1
肉色	3.8	4.0	4.0	4.0
大理石纹	2.4	3.03	3.6	2.57
pH	5.96	6.03	6.0	6.03
失水率/%	8.83	9.5	8.5	14.6
系水率/%	88.5	87.5	88.8	81.0
瘦肉率/%	51.5	51.2	51.9	51.8
剪切值/千克	2.82	2.8	3.68	2.62

表 3-25　不同品种杂交肥羔肉化学成分组成($n = 4$)　　　%

项目	小尾寒羊	杜寒 F_1	萨寒 F_1	陶寒 F_1
干物质	23.17 ± 0.42	23.73 ± 0.50^a	24.01 ± 0.67	23.27 ± 0.34
粗蛋白质	19.6 ± 0.34	20.1 ± 0.83	20.8 ± 0.91	20.5 ± 0.42
粗脂肪	2.24 ± 0.48^b	2.24 ± 0.82^b	2.85 ± 0.47^a	2.49 ± 0.47^a
灰分	1.85 ± 0.11	1.72 ± 0.01	1.70 ± 0.10	1.39 ± 0.21
钙	0.038 ± 0.01^b	0.078 ± 0.02^a	0.104 ± 0.07^a	0.109 ± 0.02^a
磷	0.21 ± 0.041	0.208 ± 0.029	0.20 ± 0.017	0.203 ± 0.094

（6）氨基酸组成　经测定，17 种氨基酸总量以萨寒 F_1 肥羔肉最高（20.09 毫克/100 毫克）；陶寒 F_1 与杜寒 F_1 接近；以小尾寒羊（18.42 毫克/千克）最低。这就进一步证实了采用上述杂交组合生产的羔羊肉，不仅提高了蛋白质含量，而且提高了生物学价值。测定结果还证实，杂交羊的天冬氨酸和谷氨酸含量均高于小尾寒羊。因羊肉的风味（鲜味）与天冬氨酸和谷氨酸含量有直接关系，这说明杂交羊肉不仅营养价值得到了提高，而且肉的风味也得到了较大改善。不同品种肥羔羊肉氨基酸组成见表 3-26。

表 3-26　羊肉的氨基酸组成测定结果（$n=4$）

毫克/100 毫克

氨基酸	简写	小尾寒羊	杜寒 F$_1$	萨寒 F$_1$	陶寒 F$_1$
天冬氨酸	Asp	1.80±0.03	1.81±0.07	1.97±0.01	1.93±0.03
苏氨酸	Thr	0.88±0.01	0.89±0.03	0.97±0.01	0.96±0.02
丝氨酸	Ser	0.77±0.02	0.76±0.02	0.84±0.01	0.82±0.01
谷氨酸	Glu	3.21±0.07	3.25±0.13	3.49±0.01	3.45±0.07
甘氨酸	Gly	0.93±0.07	0.91±0.02	1.01±0.02	0.94±0.01
丙氨酸	Ala	1.13±0.03	1.14±0.04	1.23±0.01	1.20±0.02
胱氨酸	Cys	0.09±0.01	0.09±0.01	0.11±0.01	0.11±0.01
缬氨酸	Val	1.04±0.02	1.04±0.03	1.08±0.03	1.08±0.04
蛋氨酸	Met	0.42±0.01	0.50±0.02	0.40±0.10	0.49±0.10
异亮氨酸	Ile	0.92±0.01	0.93±0.03	0.99±0.01	0.99±0.04
亮氨酸	Leu	1.59±0.02	1.61±0.06	1.74±0.01	1.72±0.03
酪氨酸	Tyr	0.63±0.01	0.65±0.02	0.69±0.01	0.70±0.01
苯丙氨酸	Phe	0.79±0.01	0.79±0.01	0.86±0.01	0.85±0.02
赖氨酸	Lys	1.68±0.01	1.71±0.04	1.85±0.01	1.84±0.04
组氨酸	His	0.59±0.01	0.63±0.06	0.71±0.03	0.66±0.22
精氨酸	Arg	1.25±0.03	1.26±0.05	1.36±0.01	1.34±0.02
脯氨酸	Pro	0.72±0.04	0.70±0.05	0.82±0.05	0.75±0.01
17 种氨基酸总量		18.42±0.38	19.13±0.40	20.09±0.13	19.78±0.39

（7）微量元素含量　不同品种肥羔羊肉微量元素含量差异显著，其中杂交羔羊肉铁、锰、硒的含量显著高于小尾寒羊，而小尾寒羊肥羔肉锌和铜的含量均高于杂交羊（表 3-27）。综合看，杂交羊微量元素含量更丰富。

小尾寒羊和杂交肥羔肉均未检出重金属元素（表 3-28），说明小尾寒羊生产的生态环境和饲料条件均能达到无公害和绿色食品的要求。因此，采用以上品种、杂交组合、饲料条件和生产方式，可以生产出无公害、绿色乃至有机羊肉。

表 3-27　肉品中微量元素含量测定结果($n=4$)

毫克/千克

元素	小尾寒羊	杜寒 F_1	萨寒 F_1	陶寒 F_1
铁	59.67±11.57	80±18.4	110±4.32	121.3±2.08
锰	0.43±0.12	1.03±0.12	1.01±0.14	1.01±0.19
锌	34.0±2.83	27.67±3.8	28.33±3.3	29.67±2.6
铜	0.47±0.16	0.30±0.10	0.27±0.06	0.41±0.09
硒	0.046±0.012	0.050±0.005	0.050±0.003	0.06±0.01

表 3-28　肉品中有毒有害元素含量测定结果($n=4$)

毫克/千克

元素	小尾寒羊	杜寒 F_1	萨寒 F_1	陶寒 F_1
汞	未检出(<0.001)	未检出(<0.001)	未检出(<0.001)	未检出(<0.001)
砷	未检出(<0.005)	未检出(<0.005)	未检出(<0.005)	未检出(<0.005)
铅	未检出(<0.005)	未检出(<0.005)	未检出(<0.005)	未检出(<0.005)

　　(8)胆固醇含量　测定结果(表 3-29)表明,萨寒 F_1、陶寒 F_1 和杜寒 F_1 胆固醇含量高于小尾寒羊,平均达到了 59.92 毫克,但仍低于猪肉(81 毫克)和鸡肉(106 毫克)。小尾寒羊含胆固醇 49.21 毫克,低于牛肉(58 毫克)和兔肉(59 毫克)。这表明小尾寒羊羔羊肉在家畜肉类中胆固醇含量也属最低的。因此,小尾寒羊肉尤其是羔羊肉,被誉为是具有营养和保健作用的功能食品,确有科学依据。

表 3-29　肉品中胆固醇含量测定结果($n=4$)

毫克/100 克

项目	小尾寒羊	杜寒 F_1	萨寒 F_1	陶寒 F_1
胆固醇	49.21	59.29	62.37	58.10

　　利用国外肉用绵羊品种与小尾寒羊杂交,既利用了国外肉用绵羊前期生长发育快、饲料报酬高、产肉性能好的特点,又利用了

小尾寒羊繁殖率高、适应性好等特点,杂种优势明显。杂交一代羊均表现出良好的适应性,尤其是杜寒杂交羊,不仅表现特耐粗饲,而且特别适合舍饲和圈养。综合评价,杜寒杂交组合是首选。同时采用舍饲圈养的方式不破坏生态,符合肉羊生产的发展规律,也符合我国北方养羊生产实际,具有广阔的开发推广前景。

三、羔羊舍饲育肥技术

要把肉羊舍饲圈养发展好,实现优质、高产、高效,必须把握和推广先进的肉羊舍饲配套技术,现将羔羊舍饲育肥技术要点总结如下。

(一)羊舍
(1)环境 通风干燥,清洁卫生,夏挡阳光,冬避风雪。
(2)面积 羊舍 0.8~1 米²/只,运动场 2~3 米²/只。
(3)设施 槽位 20~25 厘米/只,自由饮水,并配备草架。
(4)消毒 进羊前和每周用 10%漂白粉或 3%~5%的来苏儿消毒 1 次。

(二)选羊
(1)年龄 3~4 月龄断奶羔羊,最好为杂交羔羊。
(2)体型 体躯呈桶形,胸宽深,后躯呈"n"形。
(3)膘情 全身发育匀称,体重 20~25 千克,中上等膘情。
(4)健康 四肢健壮,被毛光亮,精神饱满,上下颌吻合好。

(三)免疫驱虫
(1)休整 新入舍羊要安静休息 8 小时,当日只给饮水和少量干草。
(2)分群 第 2 天早晨逐只称重,根据体重大小分群,每群

20～30 只。

(3)驱虫 苯硫咪唑每千克体重 15～20 毫克(内服),阿维菌素 0.25 毫克/千克,皮下注射。

(4)免疫 羊快疫、猝狙、肠毒血症三联苗,每羊 5 毫升,肌肉注射。绵羊痘疫苗刺种。

(四)育肥前期

(1)1～3 天 饲喂青干草或地瓜秧、花生秧(铡短)自由采食,自由饮水。

(2)7～30 天 饲喂全混合日粮Ⅰ(玉米 43%,小麦麸 7%,大豆粕 17.5%,甘薯秧粉 15%,花生秧粉 15%,氢钙 1%,添加剂 1%,食盐 0.5%。加工成全颗粒喂给),日喂 3 次,投料 1～1.5 千克,自由采食,自由饮水。

(五)育肥后期

(1)30～60 天 饲喂日粮Ⅱ(玉米 16.3%,小麦麸 7.5%,大豆粕 7.5%,甘薯秧粉 16.5%,花生秧粉 16.5%,苜蓿干草 33%,氢钙 1.2%,添加剂 1%,食盐 0.5%,压成颗粒饲料),日投料 1.5～2 千克,日喂 3 次,自由采食,自由饮水。

(2)饲料加工 苜蓿干草(33%)整株喂给,其他原料(67%)压成颗粒饲料喂给。

(六)出栏

按此规程进行饲养管理,育肥全期平均日增重应达到 250 克以上,混合饲料报酬为(5～5.5):1(粗饲料质量要有保障)。每只羊净增重 15 千克,平均体重达到 35～40 千克,肥羔此时(5～6 月龄)出栏,杂交羔羊屠宰率 50%,胴体重 17.5～20 千克。

第四章 羊舍建设与配套饲养设施

导　　读　长期以来,羊舍和养羊设备是制约肉羊舍饲和规模化生产的关键因素。目前广大农村养羊大多是庭院饲养,设施简陋,是农村公共卫生的隐患之一,也是实施健康养殖的薄弱环节。为挖掘肉羊生产的潜力,确保畜产品的品质和卫生安全,必须抓好羊舍建设,把饲养设备和设施配备好、建设好,从而提高劳动生产率和养羊生产的经济效益。

第一节　羊舍建设

一、羊场选址

(一)地势高燥平坦

羊场应选建在地势较高、向阳,排水良好和通风干燥的平坦地方。切忌在低洼涝地、山洪水道、冬季风口处建场。朝向以坐北向南或偏东 5°～10° 为宜,即场地高于周围地势,地下水位在 2 米以下。不宜在山洪水道、冬季风口、泥石流通道选址。场址的土壤以沙壤土最好,有利于排出积水、防潮。

(二)草料充足、有清洁水源

以舍饲为主的地区及集中育肥肉羊产区,羊场最好有一定的饲草、饲料基地及放牧草地。

水源供水量充足,水质优良,以泉水、井水和自来水较理想。切记不要在水源不足或受到严重污染的地方建场。

(三)交通、通讯便利

为防止疫病的传播,羊场距离公路、铁路等交通干道、居民点、附近单位和其他畜群应至少保持 500 米以上。

(四)能源供应充足

电力负荷能满足生产需要和稳定供应。

(五)考虑发展计划

羊场的选址既要与当地畜牧业发展规划和生态环境条件相适应,又要考虑养羊业发展趋势和市场需求的变化,以便确定生产方向和扩大生产规模。此外,种羊场最好建在肉羊生产基础较好的地区,以便于就近推广和组织生产。

二、羊场布局

(一)功能明确

规范化羊场至少要分为生活区、生产区、草料加工区和隔离观察区 4 部分,并由低矮灌丛或矮墙将净道、污道隔离开。其中,生活区应安排在地势较高的上风头处,最好能由此望到全场的其他房舍;生产区的羊舍朝向应有利于冬季采光或夏季遮阳;隔离区一般位于地势较低的下风头处。

(二)操作方便

可将羊场划分为种公羊舍、种母羊舍、产房、羔羊和育成羊舍、育肥羊舍等,羊舍间有一定距离,从方便生产操作角度考虑,种公羊舍应靠近人工采精室,并与种母羊舍保持一定距离;种母羊舍应与产羔舍相邻。病羊隔离室、贮粪池、尸坑应在羊舍下风方向。

(三)环境清洁

在生产区、生活区及生产管理区的四周应建有绿化隔离带,有利于改善场区小气候、净化空气、减少尘埃和噪声。粪便及时清理,院落、道路、羊栏等应保持清洁,并定期消毒。

三、羊舍设计与建造

设计和建造羊舍的目的是为羊创造适宜的生产、生活环境,以提高羊的健康和生产力。因此,在设计羊舍时,应遵循下列原则:一是根据当地气候特点和生产要求选择畜舍类型和构造方案;二是尽可能采用科学合理的建设工艺及建筑材料;三是注意节约用地,在满足建筑要求的情况下,尽量降低建设成本。

(一)羊舍建设基本要求

(1)羊舍面积 种羊 1.2~1.5 米²/只,成年母羊 0.8~1.0 米²/只,羔羊 0.5~0.6 米²/只,详见表 4-1。

(2)羊舍地面 一是要高出舍外地面 20~30 厘米;二是要平整,地面应由里向外保持一定的坡度,以便清扫粪便和污水。

(3)运动场 一般运动场为羊舍面积的 2~3 倍。

表 4-1　各类羊所需面积　　　　　　　米²/只

羊别	面积	羊别	面积
单饲公羊	4.0～6.0	育成母羊	0.7～0.8
群饲公羊	1.5～2.0	去势羔羊	0.6～0.8
成年母羊	0.8～1.0	3～4 月龄羔羊	0.3～0.4
育成公羊	0.7～0.9	育肥羯羊、淘汰羊	0.7～0.8

(二)羊舍建设的优化设计

(1)符合羊生理和生活习性　尽量满足羊对各种环境卫生条件的要求,包括温度、湿度、空气质量、光照、地面硬度及导热性等。也就是说,既有利于夏季防暑,又有利于冬季防寒;既有利于保持地面干燥,又有利于保证地面柔软和防滑。

(2)符合生产流程要求　既能保障生产环节顺利进行,又能保障各项技术措施的实施。设计时考虑的内容,包括羊群调整和周转、草料运输、给饲、饮水以及称重、防疫、试情、配种、接羔、羔羊护理等。

(3)符合卫生防疫需要　要有利于防病、减少疾病的发生与传播,有利于打扫卫生和粪便的清理。

(4)坚实耐用　羊舍及其内部的一切设施都必须本着实用的原则修筑和建造,特别是像圈栏、隔栏、圈门、饲槽的建造,一定要结实耐用。

(5)造价低廉　尽量做到就地取材,尽可能降低原材料购入价和建造成本。

四、羊舍建筑与施工

(一)羊舍基本构造及方案

1. 羊舍基本构造

羊舍的主要部分包括墙体(或柱子)、基础、地面(或楼板)、屋顶、门窗及内外装修(散水、勒脚、踢脚、墙裙、吊顶、内外墙面粉刷等),根据其功能可分为承重部分和围护、分割部分(图4-1)。

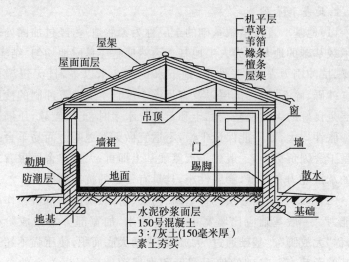

图4-1 封闭式羊舍主要结构

承重部分有两种形式,第一种是墙体承重,依靠内外墙承载屋顶、楼板层、风雪和墙身自重等各种荷载,并将其传递到基础和地基上,该承重方式坚固、稳定、结构简单、施工方便、造价低,在羊舍建筑中经常使用;第二种是立贴式梁架承重,即由梁、柱承载屋顶重量,墙体起围护作用。采用立贴式梁架承重的墙体可以选用保温隔热性能好,价格低但强度差的材料,这种承重方式一般用于单层羊舍建筑。

2.羊舍构造方案的确定原则

羊舍要求构造坚固、符合畜牧生产要求、形体和构造简单、整齐、经济美观,适用。在羊舍构造方案选择过程中,应该根据气候因素、肉羊生产特点、建筑材料、建筑习惯和投资能力等因素综合考虑,切不可贪大求洋、生搬硬套,盲目模仿。

(二)主要构造建筑施工

1.地基和基础

（1）地基　　直接承载基础的土层称为天然地基,经过加固处理后承载基础的地基称为人工地基。天然地基应是质地均匀、结实、干燥、抗冲刷力强、膨胀性小、地下水位在 2 米以下,且无浸湿作用。沙砾、碎石、岩性土层以及有足够厚度且不受地下冲刷的沙质土层是良好的天然地基。黏土和黄土含水多时,土层较软,压缩性和膨胀性均大,如不能保证干燥,不适宜做天然地基。简易羊舍或小型羊舍因负载小,一般建于天然硬基上即可;大型羊舍要求有足够的承重能力和厚度,膨胀性小,且具有一定的抗冲刷力。

（2）基础　　基础必须具备坚固、耐久、防潮、防冻和抗机械作用等能力。一般基础应比墙宽 10～15 厘米,加宽部分常做成阶梯形,称"大放脚"。基础通过"大放脚"来增大底面积,使压强不超过地基的承载力。基础的地面宽度和埋置深度应根据羊舍的总荷载,地基的承载力、土层的冻涨程度及地下水位状况计算确定。北方基础埋置深度应在土层最大冻结深度以下,但应避免将基础埋置在受地下水浸湿的土层中。

按基础垫层使用材料的不同,基础可以分为灰土基础、碎砖三合土基础、毛石基础、混凝土基础等。目前,在羊舍建筑中,可选择砖、石、混凝土或钢筋混凝土等做羊舍基础建材,山(农)区简易羊舍可用全木建舍。

2.墙

（1）墙体的作用　　墙体是羊舍的主要构造部分,具有承重和分割空间、围护作用。墙体承重作用是指墙体将房舍全部荷载(包括房舍自身重量和屋顶积雪重量及风的压力等)传递给基础或地基。围护、分割作用是指墙体将羊舍与外界隔开或对羊舍空间进行分割的主要构造。既具有围护和分割又具有承重的墙体称为承重墙;只具围护和分割的墙体称为非承重墙。墙体对羊舍内温度和湿度状况影响很大。据测定,冬季通过墙散失的热量占整圈羊总失热量的35%～40%。外墙与舍外地面接触的部位称勒脚。勒脚经常受屋檐滴下的雨水、地面雨雪的浸溅及地下水的侵蚀。为了防止墙壁被空气和土壤水汽侵蚀,可在勒脚与墙身之间用油毡、沥青、水泥或其他建筑材料铺1.5～2.0厘米厚的防潮层。

(2)墙体种类、特点及建筑要求　按墙体所用材料的不同,可分为砖墙、砌块墙、复合板墙、石墙、土墙、灰板条墙等,常用墙的特点如下。

实心砖墙的厚度可为1/2砖、3/4砖、一砖、一砖半、二砖等,其厚度相应为120、180、240、370、490毫米。墙厚应根据承重和保温隔热要求经计算来确定。当保温隔热要求高时,可做空气间层,也可在墙内和墙面加保温层。砖墙砌筑方法有多种,要求砖块相互搭接、错缝、砂浆饱满。羊舍外墙面一般不抹灰粉刷,但需用1:(1～2)的水泥砂浆勾缝。

以粉煤灰或炉渣等制成的砌块砌墙。各地生产的砌块长度不同,但宽度和厚度一般分别为380和200毫米。砌块强度高、保温性能好,便于施工,可用于羊舍建筑。

复合板墙具有造价低、施工快、美观等优点。复合板墙一般由结构层(内层)、保温层和饰面层构成。按抗压强度可分为非承重外挂板和承重外墙板两种类型。外挂板自重256千克/米^2。岩棉板是保温层厚度为80毫米,总厚度为160毫米的外挂板,其热阻值为1.76℃·米^2/瓦,是厚度为490毫米砖墙热阻值的2倍多。

墙必须具备坚固、耐久、抗震、防潮、抗冻、结构简单、表面平整、便于清扫和消毒等优点,同时应考虑造价低,具有良好的保温隔热性能。为便于墙内表面清洁和消毒,地面或楼面以上1～1.5米高的墙面应设水泥墙裙,以防冲洗消毒时溅湿墙面或防止羊只弄脏,损坏墙面。隔墙可用砖墙、铝板、玻纤板等材料,也可用竹木作隔墙。

3. 柱

柱是根据需要设置的房舍承重构件。用于立贴梁架、敞棚、房舍外廊等的承重时,一般采用独立柱,可为木柱、砖柱、钢筋混凝土柱等;如用于加强墙体的承重能力或稳定性时,则做成与墙合为一体但凸出墙面的壁柱。柱的用材、尺寸及其基础均须计算确定。独立柱的定位一般以柱截面几何中心与平面纵、横轴线相重合;壁柱的定位则纵向以墙的定位轴线为准,横向以柱的几何中心与墙的横向轴线相重合。

4. 屋顶

屋顶是羊舍上部的外围护结构,主要起遮风、避雨雪和隔绝太阳辐射的作用,对冬季保温和夏季隔热都有重要意义。

单坡式屋顶跨度小,结构简单,利于采光,适用于单列羊舍;双坡式屋顶跨度大,易于修建,保温隔热性能好。羊舍常用的坡式屋顶表面常糊黏土瓦挂平,一般是在檩条上钉椽子,其上铺苇箔、油毡,然后再钉挂瓦条挂瓦。采用挂瓦条构造的屋面,保温隔热性能较差,可将挂瓦条截面高度加大,其间填充保温材料;亦可在铺 2 层苇箔后抹一层 30~50 毫米厚的草泥,将黏土瓦粘座在草泥上,其造价低,保温隔热性能较好。

5. 地面

(1)地面的作用及基本要求 羊舍地面的作用不同于工业与民用建筑,特别是采用地面平养的羊舍,其特点是羊的采食、饮水、休息、排泄等生命活动和一切生产活动均在地面上进行;羊舍必须经常冲洗、消毒;羊蹄对地面有破坏作用,而坚硬的地面易造成蹄部伤病和滑跌。因此,羊舍地面必须具备下列基本要求:一是具有高度的保温隔热特性;二是不透水,易于清扫消毒;三是易于保持干燥,平整,无裂纹,不硬不滑,有弹性;四是有足够的强度,坚固、防潮、耐腐蚀;五是向排尿沟方向应有适当的坡度(羊舍 1%~

1.5%），以保证污水的顺利排出。

（2）羊舍地面种类 羊舍地面可分实体地面和缝隙地板两类。根据使用材料的不同，实体地面有素土夯实地面、三合土地面、砖地面、混凝土地面等；缝隙地板有木地板、塑料地板、金属网地板等。

①土质地面：属于暖地（软地面）类型。土质地面柔软，富有弹性也不光滑，易于保温，造价低廉。缺点是不够坚固，容易出现小坑，不便于清扫消毒。用土质地面时，可混入石灰增强黄土的黏固性，也可用三合土（石灰：碎石：黏土＝1:2:4）地面。

②砖砌地面：属于冷地面（硬地面）类型。因砖的空隙较多，导热性小，具有一定的保温性能。成年母羊舍粪尿相混的污水较多，容易造成环境不良。又由于砖地易吸收大量水分，破坏其本身的导热性而变冷变硬。砖地吸水后，经冻易破碎。

③水泥地面：属于硬地面。其优点是结实、不透水、便于清扫消毒。缺点是造价高，地面太硬，导热性强，保温性能差。为防止地面湿滑，可将表面做成麻面。

④漏缝地板：集约化饲养的羊舍可建造漏缝地板，用厚3.8厘米、宽6～8厘米的水泥条筑成，间距为1.5～2.0厘米。漏缝地板羊舍需配以污水处理设备，造价较高，国外大型羊场和我国南方一些羊场已普遍采用。这类羊舍为了防潮，可隔日抛撒木屑，同时应及时清理粪便，以免污染舍内空气。

⑤羊床：多采用竹、木原料制成漏缝地板。木条宽6厘米，厚3厘米，间距宽1.5～2厘米，10月龄以下的羔羊可为1～1.5厘米，可为固定式或活动式两种。

6.通道或加料道

这是专门用于添加饲料及观察羊只的过道，双列式羊舍过道一般为1.2～2米宽，单列式羊舍通道为1～1.2米宽，便于运输饲料及环境卫生打扫。

7.运动场

运动场面积应为羊舍面积的 2 倍以上,羊舍与羊舍之间可单独设运动场,其位置略比羊舍位置低 20～30 厘米。地面处理要求致密、坚实、平整、无裂缝、不打滑,达到卧息舒服。为防止四肢受伤或蹄病发生,可采用砖铺地面或混凝土地面,还可利用草坪作运动场,四周围墙不得低于 2～2.5 米。

五、实用羊舍类型与示范

按羊舍外围护结构封闭的程度大小,可将羊舍分为封闭式羊舍、半开放式羊舍和开放式羊舍三大类型。

(一)封闭式羊舍

封闭式羊舍(图 4-2 至图 4-5)是由屋顶、围墙以及地面构成的全封闭状态的羊舍,通风换气仅依赖于门、窗或(和)通风设备,该种羊舍具有良好的隔热能力,便于人工控制舍内环境。封闭式羊

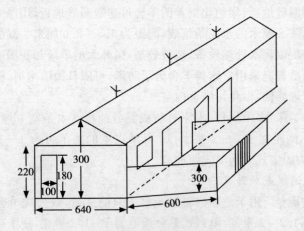

图 4-2　封闭式单列羊舍示意图(单位:厘米)

舍四面有墙,纵墙上设窗,跨度可大可小。可开窗进行自然通风和光照,或进行正压机械通风,亦可关窗进行负压机械通风。由于关窗后封闭较好,防寒保暖效果较半开放式好。封闭式羊舍外围护结构具有较强的隔热能力,可以有效地阻止外部热量的传入和羊

图 4-3　封闭式单列羊舍实际效果图

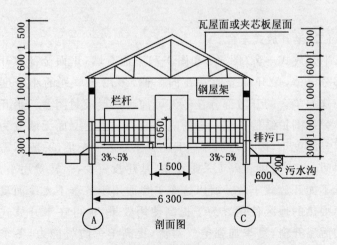

图 4-4　封闭式双列羊舍示意图(单位:毫米)

舍内部热量的散失,封闭式羊舍内空气温度往往高于舍外。空气中尘埃、微生物含量舍内大于舍外,封闭式羊舍通风换气差时,舍内有害气体如氨、硫化氢等含量高于舍外。

封闭式羊舍使用范围:有窗封闭式羊舍主要适用于温暖地区(1月份平均气温−5～15℃)和寒冷地区。

图 4-5 封闭式双列羊舍实际效果图

(二)半开放式羊舍

半开放式羊舍(图4-6和图4-7)三面有墙,正面全部敞开或有部分墙体,敞开部分通常在向阳侧,多用于单列的小跨度羊舍。这类羊舍的开敞部分在冬天可加遮挡形成封闭舍。半开放式羊舍外围护结构具有一定的隔热能力。由于一面无墙或为半截墙且跨度小,因而通风换气良好,白天光照充足,一般不需人工照明、人工通风和人工采暖设备,基建投资少,运转费用小,但通风不如开放式羊舍。所以这类羊舍适用于冬季不太冷而夏季又不太热的地区使用。为了提高使用效果,也可在半开放式羊舍的后墙开窗,夏季加强空气对流,提高羊舍防暑能力,冬季将后墙上的窗子关闭,还可在南墙的开敞部分挂草帘或加塑料窗,以提高保温性能。

　　半开放式羊舍外围护结构具有一定的防寒防暑能力,冬季可以避免寒流的直接侵袭,防寒能力强于开放舍和棚舍,但空气温度与舍外差别不大。半开放式羊舍跨度较小,仅适用于小型牧场,温暖地区可用作成年羊舍,炎热地区可用作羔羊舍。

图 4-6　平顶式半开放羊舍

图 4-7　单坡式半开放羊舍

(三)开放式羊舍

开放式羊舍(图 4-8 和图 4-9)是指一面(正面)或四面无墙的羊舍,后者也称为棚舍。其特点是独立柱承重,不设墙或只设栅栏或矮墙,其结构简单,造价低廉,自然通风和采光好,但保温性能较差。

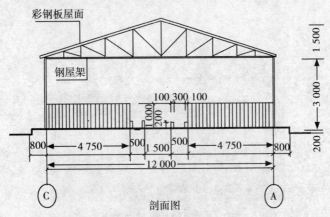

图 4-8 开放式羊舍示意图(单位:毫米)

图 4-9 开放式羊舍实际效果图

　　开放舍可以起到防风雨、防日晒的作用,小气候与舍外空气相差不大。前敞舍在冬季对无墙部分加以遮挡,可有效地提高羊舍的防寒能力。

　　开放式羊舍适用于炎热地区和温暖地区养羊生产,但需做好棚顶的隔热设计。

(四)楼式羊舍

　　楼式羊舍(图 4-10 和图 4-11)俗称高架羊舍,多用竹片或木条作建筑材料,安装漏缝板作为羊舍地板(羊床),板面横条宽 3～5 厘米,漏缝宽 1～1.5 厘米,离地面高度为 1.2～1.5 米,以方便饲喂人员添加草料。羊舍的南面或南北两面,一般只有 1 米高的墙,舍门宽 1.5～2 米。漏缝板朝阳面为斜坡进入运动场,斜坡宽度以1.0～1.2 米为宜,坡度小于 45°。运动场一般在羊舍南面,其面积

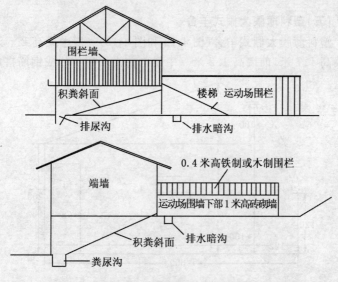

图 4-10　楼式羊舍示意图

为羊舍的 2～2.5 倍。积粪斜面坡度应以 30°～45°为佳,以利于日常粪便排放冲洗。

图 4-11　楼式羊舍实际效果图

(五)塑料薄膜大棚式羊舍

塑料薄膜大棚式羊舍(图 4-12 和图 4-13)一般中梁高 2.5 米,后墙高 1.7 米,前墙高 1.2 米。中梁与前沿墙用竹片或钢筋搭成,

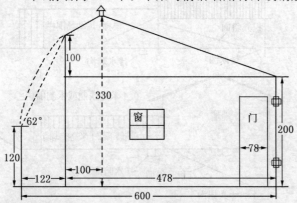

图 4-12　塑料薄膜大棚式羊舍侧面示意图(单位:厘米)

可选用木材、钢材、竹竿、铁丝和铝材等,上面覆盖单层或双层膜,塑料薄膜可选用白色透明、透光好、强度大、厚度为 100～120 微米、宽度 3～4 米,抗老化、防滴和保温好的膜,如聚氯乙烯膜、聚乙烯膜、无滴膜等。在侧面开一个高 1.8 米、宽 1.2 米的小门,供饲养人员出入。在前墙留有供羊群出入运动场的门。

在北方较寒冷地区,采用塑料薄膜大棚式羊舍效果明显,可提高羊舍温度,基本能满足羊的生长发育要求。在一定程度上改善寒冷地区冬季养羊的生产条件,有利于发展适度规模经营,而且投资少,易于修建。

图 4-13　塑料薄膜大棚式羊舍实际效果图

第二节　饲养设施

一、饲槽

饲槽是舍饲养羊的必备设施,用它喂羊既节省饲料,又干净卫生。饲槽有固定式长方形饲槽、移动式木饲槽或用镀锌板定制的饲槽。

固定式长方形饲槽（图 4-14）一般设在羊舍或运动场上，用砖石、水泥砌成长条状。为便于羊只采食和清扫，要求槽内面和边缘成光滑的圆形，多采用圆底式，并留有一定坡度。靠近羊的一侧设铁颈枷，便于固定羊位，颈枷的宽度根据羊的个体大小而定。固定式长方形饲槽主要饲喂精料、青贮料、铡碎的草等。

移动式木槽用厚木板钉制（图 4-15），铁槽用铁皮打制，上缘

图 4-14 固定式长方形饲槽

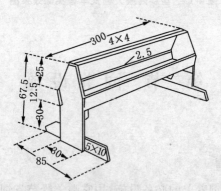

图 4-15 移动式木制饲槽（单位：厘米）

卷成圆形。视羊群数量多少决定制作数量。总的要求是以羊只采食不互相拥挤为宜。

二、草架

草架是用来饲喂长草或草捆的用具,主要有移动式、悬挂式、固定式和结合式 4 种,可以用木材、竹条、钢筋等制作。利用草架喂羊可以减少饲草的浪费,避免践踏和粪尿污染。

双面草架从侧面看为三角形,上宽下窄,用钢筋或木条制成,条间距为 10 厘米,羊可从两面采食饲草。单面草架借助一面墙,采草面有隔栏,与墙形成一个上宽下窄的直角三角形。

(1)简易草架 先用砖、石头砌成一堵墙,或直接利用羊圈的围墙,然后将数根 1.5 米以上的木杆或竹竿下端埋入土墙根底,上端向外倾斜 25°,并将各个竖杆的上端固定在一根横棍上,横棍的两端分别固定在墙上即可(图 4-16)。

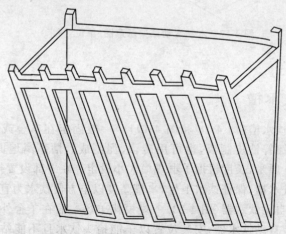

图 4-16 靠墙固定的单面草架示意图

（2）木制活动草架　先做一个高 1 米、长 3 米的长方形立体木框,再用 1.5 米高的木条制成间隔 12～18 厘米的"V"形的装草架,最后将草架固定在立体木框之间即成(图 4-17)。

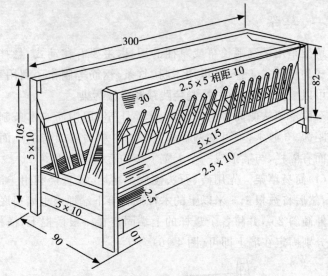

图 4-17　木制活动草架示意图(单位:厘米)

三、水槽

（1）饮水槽(图 4-18 和图 4-19)　一般固定在羊舍或运动场上,可用镀锌铁皮制成,也可用砖、水泥制成。槽高离地面 30 厘米,宽 30 厘米,长度根据羊群规模大小设定。在下部设置排水口,以便清洗水槽,保证饮水卫生,水槽高度以羊方便饮水为宜。

（2）自动饮水器(图 4-20)　规模化羊场一般在羊舍外靠围墙边沿安装自动饮水器,安装位置以羊能抬头饮水且不能站在饮水器上蹭痒为最佳,也可将自动饮水器设置在羊舍饲槽上方,使羊抬头就能饮水。

图 4-18　固定式水泥饮水槽

图 4-19　移动式塑料饮水槽

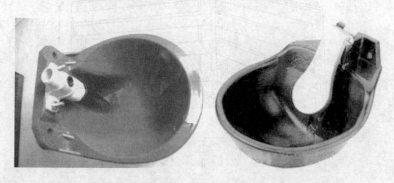

图 4-20　羊用饮水器

四、围栏设备

1.围栏

围栏的作用是将不同大小、性别和类型的羊只相互隔开,并将其限制在一定的活动范围之内,以利于提高生产效率和便于科学管理。围栏通常设在羊舍内和运动场四周,栏的高度视其用途而定,一般羔羊栏 1～1.5 米,成年羊栏 1.5～2 米。围栏必须有足够的强度和牢度,可用木栅栏、铁丝网、钢管、原竹等制作,分移动式(图 4-21)和固定式(图 4-22)。母羊产羔时,可用活动围栏临时间隔为母仔圈。根据其结构不同,通常有重叠围栏、折叠围栏和三脚架围栏等类型。羔羊补饲栏可用多个栅栏、栅板或网栏,在羊舍或补饲场靠墙围成足够面积的围栏,并在栏间插入一个仅供羔羊能自由出入的采食栅门。

2.羔羊补饲栏

一般情况下,羔羊生后 10～14 天就应补给草料。由于母羊和

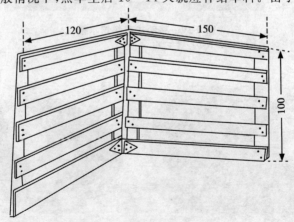

图 4-21　活动围栏(单位:厘米)

图 4-22　固定式钢管围栏

羔羊同圈饲养,补喂时羔羊不能自由而有效地采食补喂饲料,必须设专门的羔羊补饲栏。

羔羊的补饲栏应在母羊圈内适当的地方,或靠近圈的一侧墙边,使母羊不能通过,羔羊可以自由出入。具体办法是:用木栅栏做围墙,用两根圆木做门柱,固定在木栅上,柱与柱间距为20厘米即可(图 4-23)。

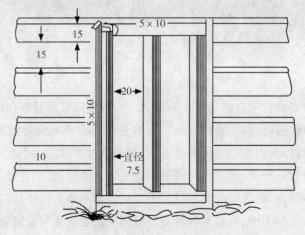

图 4-23　补饲栏(单位:厘米)

3.母仔栏

将两块栅栏板用铰链连接,每块高 1 米,长 1.2～1.5 米,将此活动木栏在羊舍角隅呈直角展开,并将其固定在羊舍墙壁上(图4-24),可围成 1.2～1.5 米² 的母仔间,目的是使产羔母羊及羔羊有一个安静又不受其他羊只干扰的环境,便于母羊补料和羔羊哺乳,有利于产后母羊和羔羊的护理。

图 4-24　母仔栏

4.分群栏

分群栏供羊分群、鉴定、防疫、驱虫、称重等日常管理和生产中使用,可提高分群工作的效率。分群栏由许多栅板连接或网围栏组成,可以是固定的也可临时搭建,其规模视羊群的大小而定。分群栏设有一窄而长的通道,通道的宽度比羊体稍宽,羊在通道内只能单独前进,在通道的两侧设若干个只能出不能入的活动门,门外围以若干贮羊圈,通过控制活动门的开关决定每个羊只的去向(图4-25)。

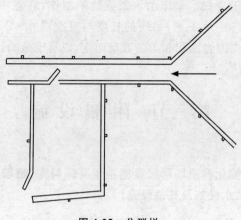

图 4-25　分群栏

五、羊床

羊床（图 4-26）是羊躺卧和休息的地方，要求洁净、干燥、不残

图 4-26　羊床

留粪便和便于清扫。羊床由木条或竹竿制作,缝宽 1.8～2.2 厘米,铺设高度 0.5～1 米,每块的长度与宽度以 1～2 米为宜。羊床大小可根据圈舍面积和羊的数量而定,以易于搬动、安放为宜。

第三节　附属设施

肉羊规模化养殖场附属设施主要有饲料库、晒场、草棚、饲料青贮设施、供水设施及其他设施。

一、饲料库

饲料库是指专门用于存放谷物、饼(粕)类和各种辅助性用料的房屋。为方便加工和配料,在料库的一端应留出专门摆放加工机械的地方。库房建筑主要组成部分及技术要求如下。

(1)地坪　地坪的作用主要是承受货物、货架以及人和机械设备等的荷载,因此,地坪必须有足够的强度以保证安全使用。根据使用的建筑材料可分为三合土、砖石、混凝土以及土质地坪等。对地坪的基本要求是平坦坚实,耐摩擦和冲击,表面光洁不起灰尘。地坪的承载能力应视堆放物品性质、当地地质条件和使用的建筑材料确定,一般载荷量在 5～10 吨/米^2。

(2)墙体　墙体是库房建筑的主要组成部分,起着承重、围护和分隔等作用。墙体一般可分为内墙和外墙;按承重与否可分为承重墙和不承重墙。对于起不同作用的墙壁可以根据不同的要求,选择不同的结构和材料。对承重外墙除要求其满足具有承重能力的条件外,还需要考虑保温、隔热、防潮等围护要求,以减少外部温湿度变化对库存物品的影响。

（3）屋顶　屋顶的作用是抵御雨雪、避免日晒等自然因素的影响，它由承载和覆盖两部分构成。承载部分除承担自身重量外，还要承担风、雪的荷载；覆盖部分主要作用是抵御雨、雪、风、沙的侵袭，同时也起保温、隔热、防潮的作用。对屋顶的要求是防水、保温、隔热，并具有一定的防火性能，符合自重要轻、坚固耐用的要求等。

（4）门窗　门窗是库房围护结构的组成部分，要求具有防水、保温、防火、防盗等性能。其中，库房窗户主要是用于通风和采光，因此窗户的形状、尺寸、位置和数量应能保证库内采光和通风的需要，而且要求开闭方便，关闭严密；库门主要是供人员和搬运车辆通行，同时作业完毕后要关闭，以保持库内正常温度、湿度，保证物品存放安全，因此对库门要求关启方便、关闭精密。此外，库门的数量、尺寸应考虑库房的大小、吞吐量的多少、运输工具的类型、规格和储存物品的形状等因素。

二、饲料青贮设施

青贮料是农区舍饲养羊的主要饲料来源，为制作和保存青贮料，应在羊舍附近修建青贮设施。常用的青贮饲料容器主要有青贮窖、青贮壕、青贮塔及青贮袋等。

（一）青贮设施的要求

根据地下水位的高低可建成地上式、半地下式和地下式3种。对这些设施的基本要求是：场址要选择在地势高燥，地下水位较低，距羊舍较近而又远离水源和粪坑的地方。装填青贮饲料的设施，必须具备以下条件。

（1）不透空气　青贮窖（壕、塔）壁最好是用石灰、水泥等防水材料填充、涂抹，如能在壁裱衬一层塑料薄膜更好。

（2）不透水　青贮设施不要靠近水塘、粪池，以免污水渗入。地下式或半地下式青贮设备的底面要高出地下水位0.5米以上，且四周要挖排水沟。

（3）内壁要平直　内壁要求平滑垂直，墙壁的角要圆滑，以利于青贮料的下沉和压实。

（4）要有一定的深度　青贮设施的宽度或直径一般应小于深度，宽深比以1∶（1.5～2）为好，以便青贮料能借助自身的重量压实。

（5）防冻　地上式的青贮窖（池），在寒冷地区要有防冻设施，防止青贮料冻结。

（二）青贮设施的容量和容积

青贮料单位体积重量（容重）与原料的种类、含水量、切碎压实程度等有关。常见青贮料的容重估计见表4-2。

表4-2　常见青贮料的容重估计　　　　　千克/米³

青贮原料种类	青贮饲料容重	青贮原料种类	青贮饲料容重
全株玉米、向日葵	500～550	去穗玉米秸	450～500
甘薯秧	700～750	牧草、野草类	550～600
萝卜叶	600	叶菜类	800

（三）常见青贮设施

（1）青贮窖　以长方形为多，根据具体情况可建造全地上、全地下或半地上和半地下等形式（图4-27和图4-28）。地下式适用地下水位低的地区，永久型用砖混垒砌。青贮窖的壁要光滑、坚实、不透水、上下垂直。一般要求窖底应高出地下水位0.5～1米，窖口制成"凹"字形，便于封顶压膜。一般深2.53米，宽3～4米，长20米，长度不一，可根据养羊多少自定。特点是建造简单,成本低,易推广,适合于小型养羊农户。但窖中易积水,常引起青贮霉烂,因此应注意在周围设排水沟。

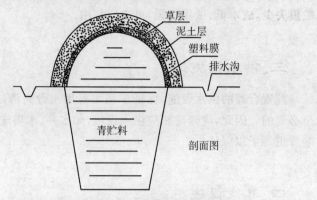

草层
泥土层
塑料膜
排水沟

青贮料

剖面图

图 4-27 地下式青贮窖

图 4-28 地上青贮窖

(2)青贮壕 青贮壕的建造与青贮窖大致相同。近年来,大型羊场采用地上式青贮代替青贮壕,用大型机具操作填压,厚塑料膜加盖,效果好、使用方便。

（3）青贮袋　青贮袋为一种特制的塑料大袋,袋长可达 36 米,直径 2.7 米,塑料薄膜用 2 层帘子线增加强度,非常结实。袋式青贮损失少,成本低,适用性强,可推广利用。

三、供水设施

配置合理的供水设施,保证羊场人畜用水做到清洁卫生是十分必要的。因此,应修建相应供水设施,如水井、水塔或蓄水池,安装管道等予以保证。

四、其他设施

（1）人工授精室　人工授精室要求保温,采光好。要求精液检查室温度能达到 25℃,输精、采精室达到 20℃,其他房舍不低于15℃,北方寒冷地区应配置取暖设备。输精室的采光系数不低于1：5,人工授精站建设原则上靠近羊舍。为便于管理,在人工授精室中间隔成几个相应大小的小房舍,分别是采精室、精液检查室、输精等待室、输精室、贮藏室、已输精母羊室。

（2）兽医室　中型以上羊场均要建设独立的兽医室,配备有专门的兽医人员、常用兽医器械、药物。可以与人工授精室合建或在生产管理区单独建设,兽医室离羊舍不宜太远,以便于兽医随时观察检查羊只。一般饲养农户必须配备兽医保健箱及常用器械、药物。

（3）磅秤及羊笼　为了解饲养管理情况,掌握羊只生长发育动态及对外销售和定期进行称（测）体重的需要,羊场应设置小型地磅（≤100 吨）或普通台秤（≤1 000 千克）。

羊笼一般长 1.4 米,宽 0.6 米,高 1～1.2 米,两端设活动门供羊进出,底部可设 4 个轮子,使活动自如,供称重或羔羊转群时使用。羊笼多用竹条、木条或钢筋制成。

（4）盐槽 给羊群供给食盐和其他矿物质时，如果不在室内或不混在饲料内饲喂，为防止在舍外被雨水淋潮化，可设一有顶盐槽，任羊随时舐食。

（5）隔离圈舍 养羊小区应建专门的隔离羊舍，并与羊舍保持一定的距离。羊患病后，应及时将其放入隔离舍内进行观察治疗，待痊愈后再归群；新购进的羊，为防止疫病传播，也应先饲养在隔离舍内，通过一段时间的饲养观察，确定无疫病后再归群。隔离羊舍要在羊出入前出后进行消毒。

第四节 常用机械与设备

随着传统粗放型养羊业向现代规模化养羊业的转变，势必导致农牧民对养殖机械产生更深层次和更高档次的需求。实现肉羊生产机械化，可降低生产成本，使生产效率与经济效益提高，促进肉羊生产持续、稳定发展。饲草、饲料加工机械的技术进步，为饲草饲料加工业的发展和相关成果转化成实际生产力提供了技术保障。

一、铡草机

（1）类型及构成 目前，铡草机和青贮饲料切碎机主要有 2 种类型，即滚筒式和圆盘式，用于切碎秸秆和青贮饲料。铡草机主要由喂入机构、铡切机构、抛送机构、传动机构、行走机构、防护装置和机架等部分组成。

（2）工作原理 由电机作为配套动力，将动力传递给主轴，主

轴另一端的齿轮通过齿轮箱、万向节等将经过调速的动力传递给
压草辊,当待加工的物料进入上下压草辊之间时,被压草辊夹持并
以一定的速度送入铡切机构,经高速旋转的刀具切碎后经出草口
抛出机外。

如 9Z-9A 型铡草机(图 4-29),主要用于羊场各种牧草和秸秆
的切碎,其生产效率见表 4-3。

图 4-29 9Z-9A 型铡草机

表 4-3 9Z-9A 型铡草机生产效率

饲料种类	含水率/%	生产效率/(吨/小时)
青玉米秸秆	65	9
干玉米秸秆	17	4
青牧草	65	7
干稻草	17	4
干麦秸	17	3

(3)圆盘式铡草机(又称轮刀式) 主要工作部件由喂入、切
碎、抛送和传动机构组成。工作时,喂入链和上、下喂入辊把饲料

不断地向里喂入,送到切割部分,被传动刀片和支撑刀片切成碎段,切下的碎片被风扇叶片抛送出去,抛送的高度可以达到 10 米以上。大中型铡草机一般为圆盘式。

(4)应用铡草机注意事项

①操作人员先学习安全使用和防护知识。

②严禁酒后、带病或过度疲惫时开机作业。

③未成年人及未掌握机器应用规则的人不准单独作业。

④在规定的转速下工作,严禁超速、超负荷作业。

⑤工作人员喂草时,严禁双手伸进喂料口的护罩内。

⑥严防木棒、金属物、砖石等进入机内,以免损机伤人。

⑦发现异常,应立即停机检查,检查前必须切断动力。

⑧结束工作前,应先把变位手柄扳至 0 位,让机器空转 2 分钟左右再停机。

二、粉碎机

(一)饲料粉碎机

饲料原料的粉碎是饲料加工中非常重要的一个环节。通过粉碎可增大单位质量原料颗粒的总表面积,增加饲料养分在动物消化液中的溶解度,提高饲料的消化利用率。

(1)主要类型 根据粉碎物料的粒度可分为普通粉碎机、微粉碎机、超微粉碎机;根据粉碎机的结构可分为锤片式、劲锤式、对辊式和齿爪式。

(2)工作原理 一般的畜禽料通常采用普通的锤片粉碎机,其工作原理是将物料引入冲击齿板、筛板与旋转锤片之间的空间,利用锤片等对物料的打击和搓擦作用,将物料破碎成若干小粒,是一种冲击式粉碎设备。

(3)锤片式粉碎机 具有占地面积小、粉碎效率高、耗电量小等优点。锤片式粉碎机基本构造包括圆筒筛板、锤片转子、锤片和固定在锤片转子周围的冲击齿板。如广州国伟机械有限公司研制生产的代风机锤片式粉碎机——9FQ-400型饲料粉碎机（图4-30），其生产效率见表4-4，主要技术规格如下：主轴转速5 800转/分钟；配套电机7.5千瓦/380伏；全机重量100千克；外形尺寸980毫米×900毫米×950毫米。

图4-30 9FQ-400型锤片式饲料粉碎机

表4-4 9FQ-400型饲料粉碎机的生产效率

种类	筛孔直径/毫米	生产效率/(千克/小时)
玉米	5.0	≥15 000
玉米	2.0	≥15 000
水渍大豆	2.0	≥800
鲜地瓜	1.2	≥1 000

(二)饲草粉碎机

饲草粉碎机主要用于粉碎各种饲草,如玉米秸、豆秸、花生秧、甘薯秧、干杂草等。也可加工鲜玉米秸、鲜甘薯秧、青杂草、青菜、鲜马铃薯等饲料。

(1)产品结构 粉碎机主要由上机体、进料斗、下机体、喂入辊切刀、转子、风机、出料管、底架、电机等部分组成。

(2)工作原理 将物料均匀、适量地喂入粉碎室内,粉碎室内有高速旋转的锤片,上机体上装有齿板,加入的物料在锤片的强烈打击、撕裂和搓擦等作用下迅速被粉碎成粉状,由于离心力和粉碎机下腔负压的作用,细碎的物料通过筛孔落到下腔之后被风机吸走,又由风机送到离心卸料器或集料间内。

9CJ-500 型饲草粉碎机见图 4-31,其技术参数及特点如表 4-5所示。

图 4-31 9CJ-500 型饲草粉碎机

表 4-5 9CJ-500 型饲草粉碎机技术参数及特点

配套动力	设备产量	设备外形	适用范围	设备特点
18.5/22 千瓦	500 千克/小时（筛孔孔径为3 毫米）	3 100 毫米×3 100 毫米×2 785 毫米	农场、牧场及专业户加工草粉	1.是粉碎多种干草及农作物秸秆等粗饲料的专用设备；2.可和其他设备配套组成以草和秸秆为主要原料的粗饲料加工机组，生产粉状或颗粒饲料

三、饲料混合机

饲料混合是确保配合饲料质量和提高应用效果的重要环节。目前国内常用的饲料混合机种类主要有卧式环带混合机、立式混合机和双轴桨叶式混合机等。

（1）卧式环带混合机 卧式环带混合机由机体、转子、进料口、出料口和传动机构等组成（图 4-32）。其优点是混合效率高，混合

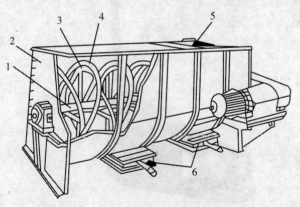

图 4-32 卧式环带混合机示意图
1.主轴 2.机壳 3.内环带 4.外环带 5.进料口 6.出料口

质量好,卸料迅速,物料在机内残留少,不仅能混合散落性好的饲料,而且能混合散落性差、黏附力较强的饲料,必要时还能加入一定量的液体饲料。

卧式环带混合机在配合饲料生产中应用广泛。混合周期一般为3～6分钟/批,混合均匀度变异系数(CV)≤10%。表4-6列出了卧式环带混合机的主要技术参数。

表4-6　卧式环带混合机的主要技术参数

型号规格	有效容积/米³	混合量/吨	均匀度变异系数(CV)/%	混合时间/分钟	配用动力/千瓦
SLHY0.25	0.25	0.1	≤7	3～6	2.2
SLHY0.6	0.6	0.25	≤7	3～6	5.5
SLHY1.0	1	0.5	≤7	3～6	11

(2)立式混合机　立式混合机又称为垂直式螺旋式混合机,适于粉状配合饲料的混合,由接料斗、垂直螺旋、螺旋外壳、机壳、卸料口、支架和电动机传动部分组成(图4-33)。特点是配套动力小,占地面积小,一次装料多,适合小型饲料加工机组使用。

(3)双轴桨叶式混合机　双轴桨叶式混合机的结构示意图见图4-34,由机壳、转子、液体添加喷管、排料门和转动机构组成。机体截面呈"W"形,顶盖上开有2个进料口,2个机槽底部各有1个排料口,机体内安装2个转子,转子上不同角度安装多组桨叶片。其混合方式为集合式,即扩散对流和剪切混合。这种混合机的特点是使用物料范围广,混合速度快,通常一批饲料的混合时间为1～3分钟;混合均匀度高,混合均匀度变异系数≤5%;能混合黏性物料,添加20%的液体原料后仍可混合均匀;混合均匀度受物料充满系数的影响小,充满系数为0.4～0.8;单位产品能耗低,噪声低;结构紧凑,占地面积空间小,安装、使用、维修保养方便。混合周期一般为1.5～2分钟/批。

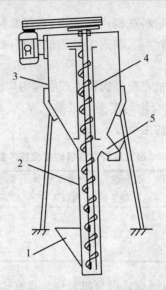

图 4-33　立式混合机示意图
1.接料斗　2.垂直螺旋　3.圆筒　4.螺旋外壳　5.卸料口

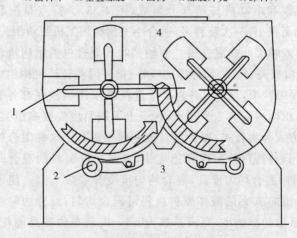

图 4-34　卧式双轴桨叶式混合机示意图
1.桨叶　2.排料门　3.排料室　4.混合室

四、配合饲料机组

配合饲料机组具有体积小、结构紧凑、操作方便等特点。其粉碎机安装在中间仓上面,具有噪声小、粉尘少、耗电低、效率高、变异系数≤8％等特点,适于各种类型羊场使用。

9ST-1 型配合饲料机组示意图见图 4-35。9PS 系列配合饲料机组如图 4-36 所示,其型号及生产性能参数见表 4-7,9PSJ 系列配合饲料加工成套设备如图 4-37 所示,其型号及生产性能参数见表 4-8。

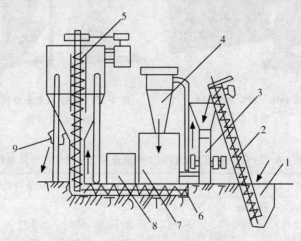

图 4-35 9ST-1 型配合饲料机组示意图

1.地坑 2.搅龙 3.粉碎机 4.旋风分离器 5.立式混合机
6.横向搅龙 7.主料箱 8.辅料箱 9.出料口

表 4-7 9PS 系列配合饲料机组型号及生产性能参数

设备型号	产量/(吨/小时)	功率/千瓦
9PS500C	0.5	9.7
9PS1000C	1.0	14.7
9PS1000H	1.0	12.65

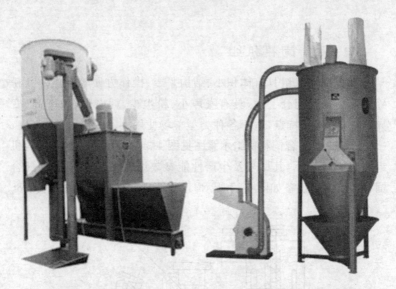

图 4-36　9PS 系列配合　　　图 4-37　9PSJ 系列配合饲料

饲料机组　　　　　　　　加工成套设备

表 4-8　9PSJ 系列配合饲料加工成套设备型号及生产性能参数

项目	9PSJ-1500A	9PSJ-1000A	9PSJ-1000	9PSJ-750A	9PSJ-750	9PSJ-300
生产率/ （千克/小时）	1 000～ 1 500	850～ 1 100	800～ 1 000	600～ 800	600～ 800	280～ 320
吨耗电量/度	<8	<8	<6	<7	<5	<5
配套动力 /千瓦	14	12.5	9	7	5.5	4.8
配合均匀度 /%	<10	<8	<8	<8	<8	<8
操作人数	2～3	2～3	2～3	2～3	2～3	2～3
机重/千克	1 200	1 000	800	800	600	400

五、全混合日粮(TMR)饲料搅拌机

1. TMR 及特点

TMR 是一种将粗料、精料、矿物质、维生素和其他添加剂充分混合均匀,并能满足舍饲肉羊营养的日粮。TMR 饲喂技术已在国内外大中型舍饲肉羊养殖场广泛应用。采用该技术可避免挑食和营养失衡;提高增重和提高饲料转化率;降低饲喂成本,减少饲料浪费;减少工人数量和劳动强度;可实现分群管理,提高劳动生产率,降低管理成本。

2. TMR 饲料搅拌机类型

常用的是卧式饲料搅拌机、立式饲料搅拌机,有牵引式、固定式等多种规格。如河北华昌机械设备有限公司生产的 TMR 饲料搅拌机(图 4-38),司达特(北京)畜牧设备有限公司生产的 TMR 饲料搅拌机(图 4-39 和图 4-40)等。

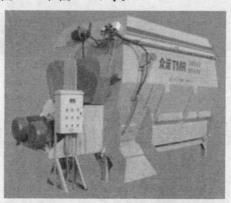

图 4-38　卧式固定式 TMR 饲料搅拌机

3. 使用 TMR 饲料搅拌机注意事项

①根据搅拌机的说明,掌握适宜的搅拌量,避免过多装载,影

响搅拌效果。通常装载量占总容积的 70％～80％为宜。

②严格按日粮配方,保证各组分精确给量,定期校正计量控制器。

③根据青贮及各类饲料等的含水量,掌握控制 TMR 水分。

图 4-39　立式牵引式 14 立方 TMR 饲料搅拌机

图 4-40　立式自走式 12 立方 TMR 饲料搅拌机

④添加过程中,防止铁器、石块、包装绳等杂质混入搅拌机,造成机器损伤。

六、颗粒饲料机

颗粒饲料机是舍饲肉羊养殖的理想设备。饲料制成颗粒后,体积小、密度大,便于贮藏和运输,并可熟化饲料、增加营养、提高吸收、杀灭病菌、降低成本、提高肉羊增重和饲料转化效率,实现高产高效具有重要意义。

(1)环模式颗粒机 环模式颗粒饲料机(图 4-41)具有产量高、使用寿命长、可配套使用、自动化程度好、适用于连续作业、饲料质量均匀、维护成本低等特点,适用于大中型养羊场(户)。其中应用最多的是卧轴环模式颗粒机。

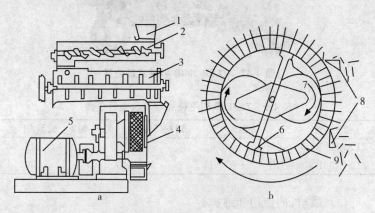

图 4-41　环模式颗粒机示意图

a. 环模制粒机　　b.压模圈及压辊

1.料斗　2.螺旋供料器　3.搅拌调质器　4.制粒机　5.电动机　6.分配器

7.压辊　8.切刀　9.压模圈

(2)平模式颗粒机　平模式颗粒机(图 4-42)有动辊式、动模式和动辊动模式 3 种,其结构简单、制造容易、造价低,使用方便、维护简单,特别适用于加工纤维性的物料,适用于中小型舍饲养羊场(户)。表 4-9 为 ZLSP 系列平模式颗粒机的主要参数。

图 4-42　ZLSP-200B 平模式颗粒机

表 4-9　ZLSP 系列平模式颗粒机主要参数

型号	动力	饲料产量/(千克/小时)	机重/千克
ZLSP120B	三相 3 千瓦电机	75～100	210
ZLSP230B	三相 11 千瓦电机	300～400	290

(3)颗粒机的使用和维护

①使用新的颗粒机或换新的环模圈时应先加工一部分含油脂较高的饲料,使模孔得到一定的润滑,然后再加工一般物料。这样可延长环模圈的使用寿命。

②制粒前在粉料中可滴加 4% 左右的水或蒸汽,有时也可加入不超过 3% 的油脂和不超过 10% 的糖蜜。

③若颗粒机需较长时间停歇时,则应在工作快结束时,加入油质粉料,或经油浸的锯末屑来填充模孔,以防生锈。

七、割草压扁机

割草压扁机可将牧草秆压裂或压扁,并不损伤叶片,以加快茎秆中水分的蒸发,促使茎叶干燥趋于一致,其干燥时间可缩短30%～50%。割草压扁机的结构主要由割台、压扁辊等组成,工作时,牧草经切割后送入压辊压扁,然后在地面上形成一定形状和厚度的草铺。

(1)主要类型 割草压扁机的主要功能是对牧草进行切割与压扁,按照切割部件的结构分类,可分为往复式割草压扁机和圆盘式割草压扁机;按照行走动力驱动方式分类,可分为自走式与牵引式。牵引式又有牵引架式与中枢轴牵引架式之分;按照割草幅宽分类,有窄幅与宽幅之分;按照压扁方式进行分类,有橡胶辊、钢辊和锤片式之分。

(2)往复式割草机 往复式割草机(图4-43)所需拖拉机配套动力相对较小,幅宽可选择范围大,机械造价相对较低,投资较小,

图4-43 往复式割草机

运行成本比圆盘式高。如美国纽荷兰公司生产的472型、488型、499型、1465型割草机,割幅一般在2.2～3.7米,工作效率为15～25亩/小时(1亩＝666.67米^2),需要动力为50～80马力(1马力＝735.50瓦),国内用的较多的为488型割草机。国产化的有迪尔-佳联生产的割幅为3米的725型割草机。

(3)圆盘式割草机 圆盘式割草机(图4-44)使用高速旋转圆盘上的刀片冲击切断茎秆,特别适于切割高而较粗茎秆的作物。该机割草效率高,作业幅宽大,需要配套拖拉机的功率较大,机械造价相对较高,投资较高,运行成本比往复式低。如法国KUHN(库恩)公司生产的FC202R、FC250RG、FC302RG割草机,割幅一般在2～3米,工作效率为20～45亩/小时,所需动力为60～90马力,国内用的较多的为前2种机型。实际应用证明,圆盘式割草机维修成本低、工作效率高,同等割幅条件下,圆盘式割草机较往复式割草机平均每小时多割5～10亩地。

图4-44 悬挂式圆盘割草机

八、搂草机

搂草机是将割后铺放在地上的牧草搂集成条,以便于集堆捡拾打捆,提高打捆效率,同时在搂草的过程中不同程度地起到了翻草的目的,以利于牧草尽快干燥。按照草条的方向与机具前进方向的关系,搂草机可分为横向(图 4-45)和侧向两大类。

图 4-45 9LC-4.0 机引悬挂横向搂草机

(1)指盘式搂草机 利用高速旋转的轮齿进行搂草,特点是作业效率高,投资成本相对较低。

(2)栅栏式搂草机 其工作原理是利用搂草筐的弹齿将作物轻柔地横向翻转或集拢完成搂草作业,适合苜蓿的搂集与翻晒作业,投资比指盘式搂草机高。

目前应用较多的搂草机,如纽荷兰公司生产的栅栏式 256 型搂草机,工作幅宽 2.5 米,此搂草机能一次性将草集成条,减少由于多次传送对叶片的损伤,但工作效率较低,平均每小时搂草 30 亩左右;法国 KUHN 公司生产的 GA4121GM 型搂草机,工作幅宽从 3.8 到 4.3 米可调,采用传动轴传动,集草过程一次完成,每小时工作效率为 45 亩左右;新疆元农机械设备有限责任公司生产的 470S 型搂草机的工作幅宽是 4.6 米,运输宽度是 2 米,有 13 个搂草臂,每个搂草臂上有 4 个双联齿,动力输出(PTO)装置转速要求是 540 转,需要动力是 40 千瓦。

九、打捆机

打捆机分为方捆打捆机(图 4-46)和圆捆打捆机。打捆机可将牧草包装成规则的形状便于运输并长期保存。打捆机的压实系统可以使打成的草捆从内到外一样密实。

（1）小型方捆打捆机　由于草捆较小，可在牧草水分相对较高时进行打捆作业，牧草的收获质量较高，喂饲方便，造价相对较低，投资较小；适于长途运输；草捆可采用人工装卸。

（2）中、大型方捆打捆机　作业效率较高，运输方便，可直接打包，制作青贮饲料；打捆机的造价相对较高，需要拖拉机发动机功率较大；草捆必须采用机械化装卸与搬运。

（3）圆捆打捆机　作业效率比小型方捆打捆机高，可在打捆后进行打包，直接制作青贮饲料；配套拖拉机功率高于小型方捆打捆机，低于大型方捆打捆机；草捆必须采用机械化装卸与搬运，不适于长途运输。

图 4-46　方捆打捆机

十、青贮饲料收获机

国内青贮生产中使用的青贮饲料收获机主要有悬挂式、牵引式、自走式三类。

(1)4QZ-5.0 型自走式青贮饲料收获机(图 4-47) 适用于玉米、高粱、苜蓿及其他青贮作物的收获,在田间作业时能一次完成对青贮作物的收割、粉碎、揉搓、输送、装车。

图 4-47 4QZ-5.0 型自走式青贮饲料收获机

(2)9QZ-2800 自走式青贮饲料收获机(图 4-48) 石家庄藁城丰收机械厂生产的 9QZ-2800 自走式青贮饲料收获机主要技术规格:整机重量 7.2 吨;效率 8～10 亩/小时;发动机功率 162 千瓦(220 马力),转速 2 200 转/分钟。

图 4-48 9QZ-2800 自走式青贮饲料收获机

(3)配套式中型玉米收获、青贮回收机(图 4-49) 整体配套建议首选以下机型:山东兖州玉丰农业装备有限公司生产的4YW-3 背负式玉米收获机(3 割道)、德州华北农机装备有限公司生产的"牦牛"牌 4Q180 型秸秆青贮收获机,配套动力为福田雷沃国际重工股份公司生产雷沃欧豹 DT1000 轮式拖拉机。配套整体价格补贴后为 9.67 万元,目前比较受市场欢迎。

图 4-49　配套式中型玉米收获、青贮回收机

第五节　保健机械与设备

一、剪毛机

剪毛机类型很多,按其动力可分为机械式、电动式和气动式几种。按剪毛组织形式可分为移动式和固定式 2 种。移动式剪毛机组适用于广大牧区放牧场剪毛。固定式剪毛机组适用于大型农牧场等羊群比较集中的地方,其中以挠性轴式剪毛机应用最广。

　　挠性轴式剪毛机由电动机、挠性轴和剪头等组成(图 4-50 和图 4-51)。动力由电动机通过挠性轴传递给剪头，带动剪头上的剪切装置的活动刀片进行剪毛。剪头也可由内燃机通过传动箱来带动。

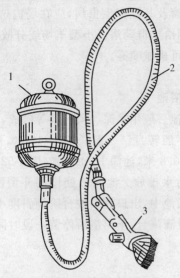

图 4-50　挠性轴式剪毛机示意图
1.电动机　2.挠性轴　3.剪头

图 4-51　挠性轴式剪毛机实景图

二、药浴设施

为了防治疥癣及其他寄生虫病,应在场内选择适当地点修建药浴池,每年定期给羊群药浴。小型羊场或分散农户可用浴槽、浴缸、浴桶代替,也可机械喷雾。

(一)固定药浴池

常用的药浴池一般用水泥、砖、石料等砌成,表面光滑,呈长方形,羊能通过但不能转身。一般长 10～12 米,池底宽 0.4～0.6 米,池顶宽 0.6～0.8 米,池深 1～1.2 米(图 4-52)。池底设活动排水孔一个,便于污水排放。池入口处设漏斗型围栏,池入口为陡坡,使羊很快滑入池中,出口处斜坡台阶倾斜度小,便于羊上台阶。同时,在出口处设滴流台,羊出浴后停留一段时间使身上多余的药液流回池内。

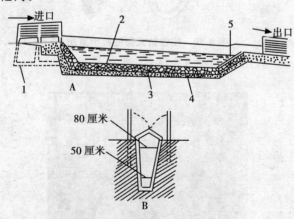

图 4-52 大型药浴池示意图

A.横断面 B.竖断面

1.基石 2.水泥面 3.碎石基 4.沙底 5.厚木板台阶(0.05 米厚)

(二)药淋机械

我国近年来研究成功了药淋装备(图 4-53),通过机械对羊群进行药淋,可加快药淋的速度,减少羊只伤亡,降低劳动强度,提高工作效率。

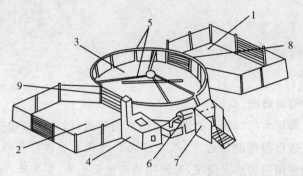

图 4-53 淋浴式药淋装置示意图

1.未浴羊栏 2.已浴羊栏 3.药浴淋场 4.炉灶及加热水箱 5.喷头
6.离心式水泵 7.控制台 8.药浴淋场入口 9.药浴淋场出口

(1)9AL-8 型药淋装置 该药淋装置由机械和建筑两部分组成。机械部分包括上淋管道、下喷管道、喷头、过滤筛、搅拌器、螺旋式阀门、水泵和柴油机等;地面建筑包括淋场、待淋场、滴液栏、药液池和过滤系统等,可使药液回收,过滤后循环使用。工作时,用 295 型柴油机或电动机带动水泵,将药液池内的药液送至上、下管道,经喷头对羊进行喷淋。上淋管道末端设有 6 个喷头,利用水流的反作用,可使上淋架均匀旋转。圆形淋场直径为 8 米,可同时容纳 250～300 只羊淋药。

(2)流动药浴车 由于每户饲养的羊群较少,因此,在防疫上要用小型流动药浴装置。目前应用的主要型号有 9A-21 型新长征 1 号羊药浴车、9LYY-15 型移动式羊药淋机、9AL-2 型流动小型药淋机以及 9YY-16 型移动式羊只药浴车等。如 9YL-1 小型移动式羊用药淋机,以 2.9 千瓦汽油机为动力,驱动 2ZC-22 自吸泵,将药液泵入药浴走廊及手持式扁嘴喷头,对羊进行药淋,每小时药淋 300～400 只羊。

三、消毒设施

(一)消毒池

在羊场大门口和人员进入生产区的通道口,分别修建供车辆和人员进行消毒的消毒池,以对进入车辆和人员进行常规消毒。消毒池常用钢筋水泥浇筑,车辆用消毒池长 4 米、宽 3 米、深 0.15 米。池底低于路面,坚固耐用,不透水;在池上设置棚盖,以防降水时稀释药液,并设排水孔以便换液。供人用的消毒池长 2.5 米、宽 1.5 米、深 0.1 米,采用踏脚垫浸湿药液放入池内进行消毒。消毒液应维持经常有效。

(二)喷雾机

喷雾机适用羊场舍内外消毒卫生防疫。推车式动力喷雾机如图 4-54 所示,其参数见表 4-10。

(三)喷雾器

气溶胶喷雾器是一种新型多用途的喷雾消毒器械,采用双旋风气流雾化喷头与药瓶构成喷洒部件,以电动离心风机及机座组成动力部件,由波纹软管将喷洒部件与动力部件连接在一起而构成(图 4-55)。

图 4-54 推车式动力喷雾机

表 4-10 DA-160B 型电动推车式喷雾机参数

功率/千瓦	柱塞泵	额定流量/(升/分钟)	额定转速/(转/分钟)	工作压力/兆帕	最远射程/米	药箱容积/升	外形尺寸/厘米
1.5(单相电机)	26 型	25～29	800～1 000	1.5～3.5	12～16	160	110×80×100

图 4-55 气溶胶电动喷雾器

四、清粪设施

(一)清粪方式

(1)机械清除　当粪便与垫料混合或粪尿分离时,粪便若呈半固体状态,可用机械的方法清除畜舍粪便。清粪机械包括人力小推车、电动或机动铲车、地上轨道车、单轨吊罐、牵引刮板和往复刮粪板装置。

(2)人工清粪　人工清扫粪便,用手推车将粪便运输到贮粪场。这种方法投资小,但效率低,劳动强度大。

(3)自流式清粪　自流式清粪是在漏缝地板下设沟,沟内粪尿定期或连续地流入室外贮粪池。

(4)水冲清粪　水冲清粪是以较大的水流同时流过一带坡度的浅沟或通道,将家畜粪便冲入贮粪坑。

(二)清粪设备

(1)输送器式清粪设备　输送器式清粪设备有刮板式、螺旋式和传送带式3种,其中刮板式清粪设备(图 4-56)最多。常见的输送器式清粪设备有拖拉机悬挂式刮板清粪机、往复刮板式清粪机、输送带式清粪机和螺旋式清粪机。

(2)自落积存式清粪设备　包括漏缝地板、舍内粪坑和铲车。舍内粪坑位于漏缝地板的下面。舍内地下粪坑由混凝土砌成,上盖漏缝地板。粪坑贮存一批粪便的时间为 4~6 个月。坑的深度为 1.5~2.0 米。采用机械清粪,运输至农田或堆粪场。

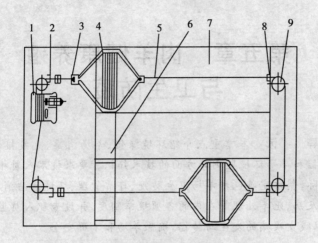

图 4-56　9FZQ-1800 型刮板式清粪机平面图

1.牵引装置　2.限位清洁器　3.张紧器　4.刮粪板　5.牵引钢丝绳

6.横向粪沟　7.纵向粪沟　8.清洁器　9.转角轮

第五章 肉羊健康养殖与卫生防疫

导　　读　本章重点介绍环境绿化、羊场消毒、免疫接种、疫病防控和羊场环境监测等方面的技术知识。要求技术人员根据当地实际，制订完善包括羊场卫生防疫、日常管理、环境清洁消毒、废弃物及病、死羊处理等在内的各项规章制度，并设专职人员监督管理，以减少疾病的发生与传播，确保羊场和羊群安全。

第一节　建立卫生消毒及管理制度

一、建立完善的疾病预防和卫生管理制度

(一)建立健全的防疫机构和制度

按照卫生防疫的要求，根据羊场实际，制订和完善羊场卫生防疫制度，建立健全包括肉羊日常管理、环境清洁消毒、废弃物及病畜和死畜处理等在内的各项规章制度。建立专职环境卫生监督管理与疫病防治队伍，确保严格执行羊场各项卫生管理制度。

(二)做好卫生管理工作

1. 确保肉羊生产环境卫生状况良好

按照规章制度及时清理羊舍粪便和排出污水；保持地面、墙

壁、设施及用具的清洁卫生;确保饮水安全;定期对羊场环境、羊舍及用具进行消毒;对粪便和污水进行无害化处理;妥善处理病死羊及其他废弃物,防止疾病传播;加强通风换气,保持良好的空气卫生状况。

2.防止人员和车辆流动传播疾病

羊场应谢绝外来人员参观,尽量减少外来人员进入生产区。必须进入羊场的外来人员应按照羊场卫生防疫要求,经严格消毒、更换衣帽后方可进入生产区。场内工作人员应严格遵守各项规章制度,每次进入生产区前,必须经过消毒后才可进入生产区。工作人员在上班期间不可串岗、串舍。场内技术人员因工作需要进入各生产区时,应按羔羊、种羊、生产群的顺序进行,并应在进入各小区或羊舍前更衣、消毒。生产区内专用的工作服应严禁穿、带出区外。

3.严防饲料霉变或掺入有毒有害物质

认真做好饲料质量监控工作,确保饲料质量安全、可靠,符合卫生标准。严格检验饲料原料,防止被农药、病原微生物等污染的原料以及有毒和霉变原料进入生产过程。做好饲料的贮藏和运输工作,确保饲料不发生霉变和不混入有毒有害物质。

4.做好防寒防暑工作

环境过冷或过热都会对肉羊健康产生危害,直接或间接诱发多种疾病。为此,应做好羊舍冬季防寒和夏季防暑工作,以减少疾病发生。

(三)加强卫生防疫工作

1.做好计划免疫工作

应根据本地区肉羊疾病的发生情况、疫苗的供应条件、气候条件及其他相关因素和抗体检测结果,制订本场免疫接种程序,并按计划及时接种疫苗进行免疫,以减少传染病的发生。

2.严格消毒

按照卫生管理制度,严格执行各种消毒措施。为了便于防疫和切断疾病传播途径,应尽量采用"全进全出"的生产工艺。出栏后对羊舍、用具、场地等进行全面的清洁和彻底消毒,并经过至少2周的闲置期后,再接纳下一批肉羊。

3.隔离

对羊场内出现的病畜,尤其是确诊为患传染性疾病或不能排除患传染病可能的病羊,应及时隔离、治疗或按兽医卫生要求及时妥善处理。由场外引入的肉羊,应首先隔离饲养2~3周,经检疫确定健康无病后方可进入羊舍。

4.检疫

对于引进的羊只,必须进行严格的检疫,只有确定无疾病和不携带病原后,才可进入羊场;对于要出售的羊及产品,也须进行严格检疫,杜绝疫病扩散。

二、羊场消毒

在肉羊生产过程中,场内环境、羊体表面以及饲养设施、器具等随时可能受到病原体的污染,从而导致传染病的发生,给生产带来巨大的损失。为此,做好消毒工作,是搞好健康养殖,预防肉羊传染病发生的最重要和最有效的措施之一。

(一)常见的消毒方式

消毒是指以物理的、化学的或生物学的方法清除或杀灭由传染源排放到外界环境中的病原微生物,以切断传播途径,预防或防止传染病发生、传播和蔓延的措施。常见的羊场消毒方式主要有经常性消毒、定期消毒、突击性消毒、临时消毒和终末消毒等几种。

1. 经常性消毒

经常性消毒是指在未发生传染病的条件下,为了消灭可能存在的病原体,预防传染病的发生,根据日常管理的需要,随时或经常对羊场环境、有关生产人员及一些设施、车辆等进行的消毒。主要对象是易受病原体污染的器物(如工作服)、设施和出入羊场的人员、车辆等。

常见方式如在羊场或生产区大门口设置消毒池,在池内放置消毒剂,对于过往车辆人员进行消毒。在场舍入口处设消毒走廊和紫外线杀菌灯,是经常性消毒最简单易行的办法。生产人员必须更换场内专用的服装、鞋帽,并经过消毒后方可进入羊舍。

2. 定期消毒

定期消毒是指为了预防传染病的发生,对有可能存在病原体的场所或设施,如圈舍、栏圈、设备用具等进行定期消毒。如当羊群育肥出栏后,对羊舍及设备、设施进行全面清洗和消毒,以彻底消灭病原微生物。

3. 突击性消毒

突击性消毒是指在某种传染病暴发和流行过程中,为了切断传播途径,防止其进一步蔓延,对羊场环境、设施等进行的紧急性消毒。

所采取的措施主要有:

①封锁羊场,谢绝外来人员和车辆进场,本场人员和车辆出入也须严格消毒。

②与患病羊接触过的所有物品,均应用强消毒剂消毒。

③尽快焚烧或填埋垫草。

④对舍内空间进行气雾消毒。

⑤将舍内设备移出,清洗、暴晒,再用消毒溶液消毒。

⑥墙裙、混凝土地面用4%氢氧化钠或其他清洁剂热水溶液清洗,再用1%的新洁尔灭溶液清洗。

⑦素土地面用1%福尔马林浸润,在严重污染地区,最好将表土铲去10~15厘米。

⑧将羊舍密闭,将设备用具移入舍内,用甲醛气体熏蒸消毒。

4.临时消毒

在非安全地区的非安全期内,为消灭病羊携带的病原传播所进行的消毒,称为临时消毒。临时消毒所采取的措施有:

①羊舍内的设备装置,搬移至舍外,小件的浸泡消毒,大件的喷洒消毒。

②清扫干净屋顶、天棚及墙壁、地面的尘埃,进行喷洒消毒。

③墙壁与混凝土地面用3%氢氧化钠或其他清洁剂的热水溶液刷洗,再用新洁尔灭溶液刷洗。

④羊舍及其设备清洗消毒后,再用甲醛熏蒸消毒。

5.终末消毒

发病地区消灭了某种传染病,在解除封锁前,为了彻底消灭病原体而进行的最后消毒,称为终末消毒。终末消毒不仅要对病羊周围一切物品及羊舍进行消毒,而且要对痊愈羊的体表、羊舍和羊场及其环境进行消毒。

(二)消毒类型

1.物理消毒法

(1)机械性清除　在进行消毒前,用清扫、铲刮、洗刷等机械方法清除降尘、污物及沾染在墙壁、地面以及设备上的粪尿、残余饲料、废物、垃圾等。

(2)日光照射消毒　日光照射消毒是指将物品置于日光下暴晒,利用太阳光中的紫外线、阳光的灼热和干燥作用使病原微生物灭活的过程。常见的病原微生物被日光照射杀灭的时间,巴氏杆菌为6~8分钟,口蹄疫病毒为1小时,结核杆菌为3~5小时。该方法适用于对羊场、运动场、垫料和可以移出室外的用具等进行消毒。

（3）辐射消毒 辐射消毒是用紫外线灯照射杀灭空气中或物体表面的病原微生物的过程。紫外线照射消毒常用于兽医室以及人员进入之前羊舍的消毒。

（4）高温消毒 高温消毒是利用高温环境破坏细菌、病毒、寄生虫等病原体结构，杀灭病原的过程，主要包括火焰、煮沸和高压蒸汽等消毒形式。火焰消毒常用于畜舍墙壁、地面、笼具、金属设备等表面的消毒。煮沸消毒常用于体积较小而且耐煮的物品，如衣物、金属、玻璃等器具的消毒。高压蒸汽消毒常用于医疗器械等物品的消毒。常用的温度为115、121或126℃，一般需维持20～30分钟。对于受到污染的易燃且无利用价值的垫草、粪便、器具及病死羊等，则应焚烧以达到彻底消毒的目的。

2.化学消毒法

化学消毒法是使用化学消毒剂，通过化学消毒剂的作用破坏病原体的结构以直接杀死病原体或使病原体的增殖发生障碍的过程。化学消毒法比其他消毒方法速度快、效率高，能在数分钟内进入病原体内并杀灭之。化学消毒法是羊场最常用的消毒方法。

（1）化学消毒剂的主要种类 按照杀灭微生物的作用机理，化学消毒剂主要可以分类为以下几种。

①凝固蛋白质及溶解脂肪类消毒剂：如酚类（甲酚及其衍生物——来苏儿、克辽林）、醇类和酸类等。

②溶解蛋白质类消毒剂：如氢氧化钠、石灰等。

③氧化蛋白质类消毒剂：如高锰酸钾、过氧乙酸、漂白粉、氯胺、碘酊等。

④阳离子表面活性剂：如洗必泰、新洁尔灭等。

⑤具有脱水作用的消毒剂：如福尔马林、乙醇等。

（2）选择消毒剂的原则

①适用性：不同种类的病原微生物构造不同，对消毒剂反应不

同,如有些消毒剂只对有限的几种微生物有效。因此,应根据消毒的目的、对象以及消毒剂的作用机理和适用范围选择最适宜的消毒剂。

②杀菌力和稳定性:在同类消毒剂中注意选择消毒力强、性能稳定,不易挥发、不易变质或不易失效的消毒剂。

③毒性和刺激性:应尽量选择对人、畜无害或危害较小的,不易在畜产品中残留的并且对畜舍、器具无腐蚀性的消毒剂。

④经济性:应优先选择价廉、易得、易配制和易使用的消毒剂。

(3)化学消毒剂的使用方法

①清洗法:清洗法是用一定浓度的消毒剂对消毒对象进行擦拭或清洗,以达到消毒的目的。常用于对羊舍地面、墙裙、器具进行消毒。

②浸泡法:浸泡法是一种将需消毒的物品浸泡于消毒液中进行消毒的方法。常用于对医疗器具、小型用具、衣物进行消毒。

③喷洒法:喷洒法是将一定浓度的消毒液通过喷雾器或洒水壶喷洒于设施或物体表面以进行消毒。常用于对羊舍地面、墙壁、用具及动物产品进行消毒。喷洒法简单易行、效力可靠,是羊场最常用的消毒方法。

④熏蒸法:熏蒸法是利用化学消毒剂挥发或在化学反应中产生的气体,以杀死封闭空间中病原体。这是一种作用彻底、效果可靠的消毒方法,常用于羊舍等空间进行消毒。

⑤气雾法:气雾法是利用气雾发生器将消毒剂溶液雾化为气雾粒子对空气进行消毒。此法消毒效果较好,是消灭气源性病原微生物的理想方法。

(4)影响消毒剂消毒效果的因素

①消毒剂的浓度与作用时间:任何一种消毒剂都必须达到一定浓度后才具有消毒作用。因此,在使用某种消毒剂时应注意其有效浓度。一般而言,消毒剂与微生物的接触时间越长灭菌效果

越好。

②温度与湿度：温度与消毒剂的杀菌效力呈正相关。一般温度每增加 10℃，消毒效果可增加 1～2 倍。在一定环境中，不同的消毒方式需要不同的湿度环境。通常环境湿度过低，消毒效果差。

③pH 及拮抗作用：许多消毒剂的消毒效果受环境 pH 的影响。例如酸类、碘制剂、阴离子消毒剂（来苏儿等）在酸性溶液中杀菌力增强，而阳离子消毒剂（新洁尔灭等）和碱类消毒剂则在碱性溶液中杀菌力增强。

此外，消毒剂之间因化学或物理性质不同，往往可能产生拮抗作用。比如阳离子消毒剂和阴离子消毒剂之间，酸性和碱性消毒剂之间便存在着拮抗作用。

④有机物的存在：所有的消毒剂对任何蛋白质都有亲和力。所以，环境中的有机物可与消毒剂结合而使其失去与病原体结合的机会，从而减弱消毒剂的消毒能力。因此，在对畜牧场环境进行化学消毒时，应首先通过清扫、洗刷等方式清除环境中的有机物，以提高消毒剂的利用率和消毒效果。

⑤微生物的特点：微生物的种类或所处的状态不同，对于同一种消毒剂的敏感性不同。因此，在消毒时应根据消毒的目的和所要杀灭对象的特点，选择病原敏感的消毒剂。

（5）常用消毒剂　常用消毒剂有氢氧化钠（烧碱）、石灰乳（氢氧化钙）、漂白粉、克辽林、石炭酸、高锰酸钾、氨水、碘酊等（表5-1），应根据需要选择合适消毒剂。

3. 生物消毒法

生物消毒法是利用微生物在分解有机物过程中释放出的生物热，杀灭病原性微生物和寄生虫卵的过程。如在有机物分解过程中，畜禽粪便温度可以达到 60～70℃，可以使病原性微生物及寄生虫卵在十几分钟至数日内死亡。生物消毒法是一种经济简便的消毒方法，能杀死大多数病原体，主要用于粪便消毒。

表 5-1　常用消毒剂的种类及使用

消毒剂名称	使用浓度/%	消毒对象	注意事项
氢氧化钠	1～4	畜舍、车间、用具	防止对人畜皮肤腐蚀,消毒完用水冲洗
生石灰	10～20	畜舍、墙壁、地面	必须现配现用
草木灰	10～20	畜舍、用具	草木灰与水按1∶5比例混合,煮沸,过滤
漂白粉	0.5～20	饮水、污水、畜舍、用具	含有效氯＞25%,新鲜配用
氨水	5	用具、地面	使用时应戴口罩
来苏儿	2～5	畜舍、笼具、洗手、器械	先清除污物再消毒效果好
克辽林	2～5	畜舍、笼具、洗手、器械	先清除污物再消毒效果好
福尔马林（甲醛溶液）	5～10	畜舍、仓库、车间	1%可用作畜体消毒,与高锰酸钾混合可用于熏蒸消毒
过氧乙酸	0.2～0.5	畜舍、体表、用具、地面	0.3%溶液可作带畜喷雾消毒
新洁尔灭	0.1	畜舍、食槽、体表	不可与碱性物质混用

(三)羊场环境消毒方法

(1)带羊消毒　在日常管理中,对羊舍应经常进行定期消毒。消毒的步骤通常为清除污物、清扫地面、彻底清洗器具和用品、喷洒消毒液,有时在此基础上还需以喷雾、熏蒸等方法加强消毒效果。可选用2%～4%的氢氧化钠、0.2%～0.5%的过氧乙酸或0.2%的次氯酸钠、0.3%的漂白粉溶液进行喷雾消毒。这种定期消毒一般带羊进行,每隔2～3周进行1次。

(2)羊场空舍消毒　羊出栏后,应对畜舍进行彻底清扫,将可移动的设备、器具等搬出畜舍,在指定地点清洗、暴晒并用消毒液消毒。用水或用4%的碳酸钠溶液或清洁剂等消毒墙壁、地面、用具等,干燥后再进行喷洒消毒并闲置2周以上。

在新一批羊进入羊舍前,可以将所有洗净、消毒后的器具、设备及欲使用的垫草等移入舍内,密闭门窗,以福尔马林(40%甲醛溶液)熏蒸消毒。福尔马林的用量一般为25~40毫升,与高锰酸钾的比例以10∶(5~6)为宜。该消毒法消毒时间一般为12~24小时,然后打开门窗通风3~4天。

(3)饲养设备及用具的消毒 应将可移动的设施、器具定期移出羊舍,清洁冲洗,置于太阳下暴晒,再用1%～2%的漂白粉、0.1%的高锰酸钾及洗必泰等消毒剂浸泡或洗刷。

(4)粪便及垫草的消毒 一般情况下,家畜粪便和垫草最好采用生物消毒法消毒。

(5)畜舍地面、墙壁的消毒 对地面、墙裙、舍内固定设备等,可采用喷洒法消毒。如对圈舍空间进行消毒,则可用喷雾法。喷洒要全面,药液要喷到物体的各个部位。

(6)羊场及生产区等出入口的消毒 在羊场入口处供车辆通行的道路上应设置消毒池,池的长度一般要求大于车轮周长1.5倍。在供人员通行的通道上设置消毒槽,池(槽)内用草垫等物体作消毒垫。消毒垫以20%新鲜石灰乳,2%～4%的氢氧化钠或3%～5%的煤酚皂液(来苏儿)浸泡,对车辆、人员的足底进行消毒。

(7)工作服消毒 洗净后可用高压消毒或紫外线照射消毒。

(8)运动场消毒 清除地面污物,用10%～20%漂白粉液喷洒,运动场围栏可用15%～20%的石灰乳涂刷。

第二节 生物安全与免疫

一、生物安全

生物安全即羊的疾病控制坚持"以预防为主,防重于治"的原则。用药物对无症状的动物进行群体预防,是防治某些疫病的一种有效手段。羊群除了用药物驱虫、药浴外,也可以用安全而价廉的抗菌药物加入饲料或饮水中进行群体防治。预防、治疗和诊断疾病所用的兽药必须符合《中华人民共和国兽药规范》《兽药管理条例》《中华人民共和国兽药典》《中华人民共和国动物防疫法》《兽用生物制品质量标准》《进口兽药质量标准》《饲料药物添加剂使用规范》《兽药质量标准》等有关规定,其生产企业必须具有生产许可证,兽药产品必须具有产品批准文号。

(一)使用兽药注意事项

①采取各种措施以减少应激,增强羊的自身免疫力。

②最大限度地减少化学药品和抗生素的使用。

③严格按规定的使用对象、使用途径、剂量及停药期执行。

④禁止使用放射性药品、解毒药品、激素类药品以及有致畸、致癌、致突变等毒副作用较大的兽药。

⑤优先使用有机农业标准和条例中列出的中草药,如植物提取物(抗生素除外)、香精等。非化学合成的兽药或抗生素,如果治疗效果较好则只能在特殊情况下使用。

⑥建立并保持患病羊的治疗记录,包括患病羊号、发病时间、发病症状、治疗用药物、治疗时间、治疗经过、所用药物的商品名称及成分。

⑦正确利用羊和环境之间的相互关系和调控机制,使羊既健康生长又降低兽药的使用。

(二)合理用药

在治疗羊病时,合理用药可促使疾病早日痊愈,否则不仅拖延病程,浪费药品,还会导致死亡。为此,应重视合理用药问题。

1. 用药剂量比例

羊的年龄不同,用药剂量比例不同(表 5-2),一般随着年龄增加,用药剂量比例增加,用药量增大。不同用药途径,其用药剂量比例也有差别(表 5-3)。因此,应根据羊的年龄和不同用药途径,合理选择用药量剂量比例。

表 5-2　羊不同年龄用药剂量比例

年龄	剂量比例	年龄	剂量比例
2 岁以上	1	3～6 月龄	1/8
1～2 岁	1/2	1～3 月龄	1/16
6～12 个月	1/4		

表 5-3　羊不同用药途径与用药剂量比例

用药方法	剂量比例	用药方法	剂量比例
内服	1	肌肉注射	1/3～1/2
灌服	1/2	静脉注射	1/4～1/3
皮下注射	1/3～1/2	气管内注射	1/4

2. 磺胺类药与抗生素的应用

(1)磺胺类药　磺胺嘧啶(SD)每日给药以 2～3 次为宜;磺胺甲氧比嗪(长效磺胺,SMP)每日给药以 1～2 次为宜;磺胺邻二甲氧嘧啶(周效磺胺,SDM),静脉注射时以 1 天 1 次为宜;磺胺对甲氧嘧啶(长效磺胺 D,SMD),用药间隔时间为 12 小时;磺胺间甲氧嘧啶(制菌磺,SMM),建议 3～4 小时给药 1 次。

(2)抗生素　链霉素、红霉素、庆大霉素肌肉注射以每日 2～3 次为宜。除羔羊患细菌性肠炎口服外,一般应避免口服。

3. 联合用药

联合用药的目的是为了获得协同作用,从而提高抑菌或杀菌效果,更好地控制感染,降低毒性,减少或避免产生抗药性。

(1)联合用药的对象　一是病因未明;二是严重感染;三是混

合感染；四是感染部位为一般抗菌药不易透入者；五是需要长期应用抗菌药而细菌易产生抗药性者。

（2）联合应用效果　抗菌药物按对细菌作用性质可分为 4 类（表 5-4）。联合应用效果如表 5-5 所示。

表 5-4　抗菌药物分类

类别	对细菌作用性质	实例
第一类	繁殖期杀菌剂	青霉素类、头孢霉素类等
第二类	静止期杀菌剂	链霉素、庆大霉素、卡那霉素等
第三类	速效抑菌剂	四环素、土霉素、红霉素等
第四类	慢效抑菌剂	磺胺类、呋喃类

表 5-5　联合应用效果

联合应用	效果	实例
第一类和第二类	有增强作用	青链霉素合用
第一类和第三类	可降低抗菌效能	青霉素与氯霉素合用
第二类和第三类	可获得增强或相加作用，一般不会产生拮抗作用	
第三类和第四类	可获得相加作用	
第四类和第一类	一般无重大影响	青霉素与磺胺嘧啶治疗流行性脑膜炎

二、免疫接种

（一）肉羊疫病的综合防疫措施

对于肉羊疫病，首要是防止其发生与流行。只要通过控制传染来源、切断传播途径和增强肉羊的免疫力三个方面进行综合防制，就能取得好的成效。

(1)控制传染来源

①防止外来疫病的侵入。有条件的地方应坚持"自繁自养",以减少疫病的传入。必须引入羊时,应从非疫区购买。新购入的羊只需进行隔离饲养、观察,确认健康后方可混群饲养。饲养场均应设立围墙和防护沟,门口设置消毒池,严禁非生产人员、车辆入内。当周围地区发生疫病时,要做好隔离消毒工作,杜绝外来疫病的侵入。

②严格执行检疫制度。经常检查羊群疫情,加强羊群检疫工作。对有些传染病如结核、布鲁氏菌病应定期进行检疫。对所查出的病羊或可疑羊,根据情况及时进行隔离、治疗或扑杀。

③一旦发生传染病要向有关部门报告疫情,并立即隔离病羊及可疑羊,专人饲养管理,固定用具,并加强消毒工作,防止疫病蔓延。

(2)切断传染途径

①做好日常环境卫生消毒工作。对粪便、污水进行无害化处理;定期杀虫、灭鼠;对不明死因的羊只严禁随意剥皮吃肉或丢弃,应采用焚烧、深埋或高温消毒等方式处理,以切断传播途径。

②一旦发生传染病,要根据不同种类传染病的传染媒介,采取相应的防制对策。如发生经消化道传染的疫病时,应停止使用已污染的草料、饮水、牧场及饲养管理用具,禁止病羊与健康羊共同使用一个水源、牧场或同槽饲养。对寄生虫病,应尽量避免中间宿主与羊只接触。另外,应加强环境卫生管理,对病羊的粪便、排泄物、尸体等所有可能传播病原的物体进行严格处理。

(3)增强肉羊的免疫力

①加强饲养管理工作。经常检查羊只的营养状况,防止营养物质缺乏。严禁饲喂霉变饲料、毒草和农药喷过不久的牧草。禁止羊只饮用死水或污水,以减少病原微生物和寄生虫的侵袭。保

持羊舍干燥、清洁、通风。

②进行免疫接种。根据本地区常发生传染病的种类及当前疫病流行情况,制订切实可行的免疫程序。按免疫程序进行预防接种。

③紧急免疫。当易感羊受传染威胁时,可用疫苗或抗血清进行紧急预防注射,以提高免疫力。

(二)肉羊的免疫接种

(1)预防接种 预防接种是为了防止某种传染病的发生,定期有计划地给健康羊进行的免疫接种。通常采用疫苗、菌苗、类毒素等生物制品,采用皮下、皮内、肌肉注射或饮水、喷雾等不同的接种方法。

(2)紧急接种 紧急接种是为迅速扑灭疫病的流行而对尚未发病的羊只进行的临时性接种,一般用于疫区周围的受威胁区,也可以用于疫区内受传染威胁还未发病的健康羊。

(3)免疫接种的注意事项

①接种疫苗前,必须检查羊只的健康状况,凡身体瘦弱、体温升高、临近分娩或分娩不久的母羊,一般不要注射。

②疫苗在使用之前,要逐瓶检查。发现盛药的玻璃瓶破损、瓶塞松动、没有标签或瓶签不清、过期失效、制品的色泽和形状与制品说明书不符或没有按规定方法保存的,都不能使用。

③接种时,注射器械和针头事先要严格消毒,吸取疫苗的针头要固定,做到一只一针,以避免从带菌羊把病原体通过针头传染给健康羊。

④接种疫苗后,在反应期内应注意观察,若出现体温升高,不吃食、精神委靡或表现出有某传染病的症状时,必须立即隔离进行治疗。

⑤疫苗必须根据其性质妥善保管。油苗、死菌苗、类毒素、血清及诊断液要保存在低温、干燥、阴暗的地方,温度维持在 2～8℃,防止冻结、高温和阳光直射。冻干弱毒疫苗最好在－15℃或更低的温度下保存。保存的期限不得超过该制品所规定的有效保存期。

(4)肉羊常用疫苗及其使用方法 肉羊常用的几种疫苗及其接种方法见表5-6。

表5-6 肉羊常用的几种疫苗

疫苗名称	预防的疫病	接种方法和说明	免疫期
羔羊痢疾菌苗	羔羊痢疾	孕羊分娩前 20～30 天皮下注射 2 毫升,10～20 天后皮下注射 3 毫升,第 2 次注射后 10 天产生免疫力	母羊 5 个月,经乳汁使羔羊被动免疫
羊猝狙、快疫、肠毒血症三联苗	羊猝狙、快疫和肠毒血症	羊不论年龄大小,一律肌肉注射 5 毫升,14 天后产生免疫力	1 年
绵羊痘鸡胚化弱毒苗	绵羊痘	按瓶签上疫苗量,用生理盐水稀释,不论羊只大小,一律皮下注射 0.5 毫升,注射后 6 天产生免疫力	绵羊 1 年,山羊 6 个月
山羊痘细胞化弱毒苗	山羊痘,也可用于绵羊痘	适用于各种年龄羊及孕羊,于尾内侧或股内侧皮下注射,一律 0.5 毫升,也可用于紧急接种	1 年
口蹄疫双价灭活苗	口蹄疫	肌肉注射,4～12 月龄羊 0.5 毫升,12 月龄以上 1.0 毫升	4～6 个月
山羊传染性胸膜肺炎疫苗	传染性胸膜肺炎	皮下或肌肉注射,羔羊 2 毫升/只,青年羊、成年羊 4 毫升/只。每年 5 月份、10 月份各防疫 1 次	5 个月

三、驱虫药浴

寄生虫病是羊临床上较为普遍的一种疾病,它不仅影响肉羊生长发育、降低健康养殖经济效益,而且还会给其他病原的侵入创造条件,从而导致肉羊出现各种病状,如严重消瘦、咳嗽,被皮瘙痒等,给养羊业造成重大损失。防治寄生虫病要贯彻"预防为主"、"防重于治"的方针,采取综合性防治措施,才能收到较好效果。

(一)净化环境

大部分线虫不受中间宿主的限制,分布范围广,感染机会多。因此,防治线虫病的重点应当是减少环境的污染,并注意杀灭中间宿主。羊舍要经常清扫,定期消毒;保持饮水卫生,切断传播途径。

(二)处理老弱羊

老弱羊多数感染寄生虫,是较严重的带虫者。因此,每年入冬前应对羊群中的老弱羊进行淘汰处理,以减少寄生虫病传播的机会。

(三)驱虫

驱虫是杀灭羊体寄生虫的重要措施,驱虫的目的是控制和消灭传染源。驱虫可分为预防性驱虫和治疗性驱虫2种。

1. 预防性驱虫

在肉羊的寄生虫病发生季节到来之前,用药物给羊群进行预防性驱虫,能有效预防寄生虫病。肉羊在育肥前驱虫,能提高育肥效果。预防性驱虫通常在春季和秋季进行,一般4~5月份及10~11月份各驱虫1次。

2. 治疗性驱虫

治疗性驱虫一般以肉羊粪便的检查情况或对死羊的解剖结

果,依感染轻重对症驱虫。

3.常用的驱虫药物

常用的驱虫药物有硫双二氯酚、左旋咪唑、丙硫苯咪唑、阿维菌素等。

(1)左旋咪唑 片剂,主要驱除胃肠线虫及其幼虫,对肺线虫有特效。口服剂量按每千克体重8毫克计算。

(2)丙硫苯咪唑 片剂,是广谱高效、低毒低残留驱虫药。它对大多数体内线虫及其幼虫、绦虫、吸虫均有良好的驱虫效果。口服剂量:对线虫为每千克体重10毫克,对吸虫为每千克体重15～20毫克。

(3)阿维菌素 有片剂和针剂,可去除体内外多种寄生虫,广谱、高效、安全、使用方便。片剂口服用量为每千克体重5毫克,针剂为每千克体重0.025毫克,皮下注射。

4.应注意的问题

①驱虫方法主要为口服或拌料喂给,也有皮下或肌肉注射的药物,使用时要认真阅读说明,准确按药品说明书配制药液浓度。

②驱虫时间最好在晴朗天气及放牧之前进行。

③准确掌握好用量,保证用药安全。先要正确估计个体重量,然后按大小准确计算药量,严格按操作规程给药。对新药应先做小群安全试验,确认安全后方可大批使用。

④驱虫后1周内坚持天天彻底清扫圈舍,粪便堆积发酵,以彻底消灭虫卵。放牧羊只应轮换草场,防止二次感染。

⑤驱虫药要经常更新换代或交替使用,防止虫体产生抗药性,影响驱虫效果。

(四)药浴

药浴的主要目的是为了预防和治疗羊体外寄生虫,如羊虱、蜱、疥癣等。药浴的时间可根据具体情况而定。在疥癣病常发生的地区,一年可进行2次药浴,一次是治疗性药浴,在春季剪毛后7～10天进行;另一次是预防性药浴,在夏末秋初进行。

(1)常用的药浴药物　有敌百虫、辛硫磷、舒利保等。

(2)药浴设施　主要有药浴池、药浴锅或药浴缸、药浴桶以及药浴机械设备等。如药浴池,一般用水泥砌筑,长方形水沟状,池深1米,长10～15米,底宽30～50厘米,上宽60～100厘米,以1只羊能通过而不能转身为宜,池的入口为陡坡,出口为台阶。入口端设贮羊圈,出口端设滴流台,使羊身上的药液流回到池内。

(3)药浴时注意问题

①药浴应选择在晴朗、气温较高的上午进行,以便在中午时羊毛能晾干。

②药浴前要停止放牧和饲喂,浴前2小时让羊充分饮水,防止药浴时羊口渴误饮药液。

③药浴前要用体质较差的3～5只羊进行试浴,确定药液安全后再按计划组织药浴。先浴健康羊,后浴病弱羊,有外伤的羊只暂不药浴。

④药浴持续时间:治疗为2～3分钟,预防为1分钟。

⑤在药浴期间,为防止人员中毒,药浴人员应戴口罩和胶皮手套。

⑥用完的药液应集中作无害化处理,防止羊只误饮。

第三节　疫病控制

一、疫病的控制与扑灭

《中华人民共和国动物防疫法》将动物疫病分为3类:一类疫

病是指对人畜危害严重、需要采取紧急、严厉的强制预防、控制、扑灭措施的;二类疫病是指可造成重大经济损失、需要采取严格控制、扑灭措施,防止扩散的;三类疫病是指常见多发、可能造成重大经济损失、需要控制和净化的。对于《中华人民共和国动物防疫法》所规定的这三类疫病,主要采取隔离、消毒、药物预防、免疫接种、灭鼠、杀虫、检疫检测等措施,同时结合加强饲养管理和健康羊培育,可使羊群中的有关疫病逐步得到净化。

(一)疫病的防治与净化

(1)隔离 隔离在扑灭动物疫病工作中是一项经常运用的强制性措施。其基本做法是动物防疫人员对易感羊只进行检查后,将患有疫病或者疑似疫病的羊,与健康羊隔离开来,以防止疫病扩散,把损失限制在最小的范围内。

隔离措施的具体要求如下:

①隔离场所应选择不易散布病原体,方便消毒,便于实施处理措施的地方,并严格进行消毒。

②隔离期间严禁无关人员、动物出入隔离场所。

③疑似疫病羊只应另选场所严格消毒后进行隔离,并采取紧急预防措施。

④疫区易感动物应同患有疫病或疑似疫病的羊只分开,并采取预防接种等预防措施。

⑤隔离场所的废弃物,应进行无害化处理,同时,密切注意观察和监测,加强保护措施。

(2)疫病检测与检疫 由当地动物疫病预防控制部门实施,肉羊饲养场应积极配合。羊场常规检测的疾病应包括口蹄疫、羊痘、炭疽、布鲁氏杆菌病等。此外,还应根据当地疫病流行情况,选择其他一些疾病进行检测。同时做好肉羊产地检疫工作。

(3)治疗 疫病的治疗与一般普通病不同,特别是一些流行性强、危害严重的传染病，一定要在严密封锁和隔离的条件下进行，必须使治疗病羊不致成为散播病原体的传染源，并且及早进行。在治疗的同时，应加强对病羊的饲养管理。

（4）杀虫灭鼠　鼠类不但偷食饲料、破坏建筑物和场内设施，而且是众多病原体的携带者，能够传染多种疾病（如鼠疫、肠道传染病、血吸虫病、结核病、布鲁氏杆菌病等），对肉羊健康和畜牧场生产危害极大。应加强羊场建筑设施的坚固性和严密性，防止鼠类进入羊舍，以减少鼠害。同时可采取器械、化学药物等方法灭鼠。

羊场粪便和污水等废弃物适于蚊、蝇等有害昆虫的滋生，肉羊和饲料也易于招引蚊、蝇及其他害虫。这些昆虫叮咬骚扰肉羊、污染饲料及环境，携带病原传播疾病。防治羊场害虫，应首先搞好羊场环境卫生，不留卫生死角，及时清除粪便、污水，避免在场内及周围积水，保持羊场环境清洁干燥。另外，可以采取药物灭虫。

（二）疫情的控制与扑灭

《中华人民共和国动物防疫法》规定，发生一类动物疫病时，应当采取下列控制和扑灭措施：一是当地县级以上地方人民政府兽医主管部门应当立即派人到现场，划定疫点、疫区、受威胁区，调查疫源，及时报请本级人民政府对疫区实行封锁。疫区范围涉及两个以上行政区域的，由有关行政区域共同的上一级人民政府对疫区实行封锁，或者由各有关行政区域的上一级人民政府共同对疫区实行封锁。必要时，上级人民政府可以责成下级人民政府对疫区实行封锁。二是县级以上地方人民政府应当立即组织有关部门和单位采取封锁、隔离、扑杀、销毁、消毒、无害化处理、紧急免疫接种等强制性措施，迅速扑灭疫病。三是在封锁期间，禁止染疫、疑似染疫和易感染的动物、动物产品流出疫区，禁止非疫区的易感染动物进入疫区，并根据扑灭动物疫病的需要对出入疫区的人员、运输工具及有关物品采取消毒和其他限制性措施。

发生二类动物疫病时,应当采取下列控制和扑灭措施:一是当地县级以上地方人民政府兽医主管部门应当划定疫点、疫区、受威胁区。二是县级以上地方人民政府根据需要组织有关部门和单位采取隔离、扑杀、销毁、消毒、无害化处理、紧急免疫接种、限制易感染的动物和动物产品及有关物品出入等控制、扑灭措施。

疫区内有关单位和个人,应遵守县级以上人民政府及其畜牧兽医行政管理部门依法作出的有关控制、扑灭动物疫病的规定。任何单位和个人不得藏匿、转移、盗掘已被依法隔离、封存、处理的动物和动物产品。

疫点、疫区、受威胁区的撤销和疫区封锁的解除,按照国务院兽医主管部门规定的标准和程序评估后,由原决定机关决定并宣布。

二、病死羊及其产品的生物安全处理

为规范病死及死因不明动物的处置,消灭传染源,防止疫情扩散,保障畜牧业生产和公共卫生安全,根据《中华人民共和国动物防疫法》等有关规定,农业部制定了《病死及死因不明动物处置办法(试行)》,适用于饲养、运输、屠宰、加工、贮存、销售及诊疗等环节发现的病死及死因不明动物的报告、诊断及处置工作。此外,国家还制定了《病害动物和病害动物产品生物安全处理规程》(GB 16548—2006),规定了病害动物和病害动物产品的销毁、无害化处理的技术要求。

1. 运送

运送病死羊及其产品应采用密闭、不渗水的容器,装前卸后必须消毒。

2.销毁

销毁处理的方法主要是焚毁和掩埋。

(1)焚毁 就是将病害动物尸体、病害动物产品投入焚化炉(焚烧炉)或用其他方式烧毁炭化。焚毁是最可靠的无害化处理方法,也是杀灭病原微生物最彻底的方法,其优点是设备简单,操作方便,消毒可靠。缺点是焚烧尸体可能会对环境造成污染。

确认为口蹄疫、蓝舌病、小反刍兽疫、绵羊痘和山羊痘、山羊关节炎脑炎、炭疽、狂犬病、羊快疫、羊肠毒血症、肉毒梭菌中毒症、羊猝狙、钩端螺旋体病、布鲁氏菌病的病害羊尸体、病害羊产品,必须运送到指定地点投入焚化炉或用其他方式烧毁炭化。

(2)掩埋 具体掩埋要求如下:

①掩埋地应远离学校、公共场所、居民住宅区、村庄、动物饲养和屠宰场所、饮用水源、河流等地区。

②掩埋前应对需要掩埋的病害动物尸体和病害动物产品实施焚烧处理。

③掩埋坑底铺2厘米厚生石灰。

④掩埋后需将掩埋土夯实,病害动物尸体和病害动物产品上层应距地表1.5米以上。

⑤焚烧后的病害动物尸体和病害动物产品表面,以及掩埋后的地表环境应使用有效消毒药喷洒消毒。

3.无害化处理

无害化处理是指对带有或疑似带有病原体的动物尸体、动物产品及其他废弃物,经过物理、化学或生物学方法处理后,使其失去传染性、毒性而不对环境产生危害,保障人畜健康安全的一种技术措施。目的是消灭传染病流行的传染源,切断传染病流行的传播途径,阻止传染病病原体的扩散。

(1)化制 对于除了规定销毁处理的疫病以外的其他疫病的染疫羊尸体或胴体、内脏,应利用干化、湿化机,将原料分类分别投入化制。

(2)消毒 对于除了规定销毁处理的疫病以外的其他疫病的染疫羊的生皮、原毛以及未经加工的蹄、骨、角、毛等产品进行消毒处理,使之达到无害。主要有高温处理法、盐酸食盐溶液消毒法、过氧乙酸消毒法、碱盐液浸泡消毒法和煮沸消毒法。

三、废弃物的处理

肉羊养殖对环境的影响,主要是羊粪、尿、尸体及相关组织、垫料、过期兽药、残余疫苗、一次性使用的畜牧兽医器械及包装物和污水等废弃物对环境的污染。为避免环境污染,羊场场区内净道和污道要分开,应设有废弃物贮存设施和场所,设有废弃物处理设施。采取清污分流和粪尿的干湿分离等措施,实现清洁养殖。

1. 污水处理

羊场排放的污水成分复杂,其中病原菌和寄生虫卵可随污水传播,对人、畜造成严重威胁。因此,羊场应设有污水处理设施,如污水处理池。羊场排放的污水可采用物理、化学或生物学方法进行处理。

物理处理法是利用格栅、化粪池或滤网等设施进行处理的方法。经物理处理的污水,可除去 $40\%\sim65\%$ 的悬浮物,并使五日生化需氧量（BOD_5）下降 $25\%\sim35\%$。化学处理法是根据污水中所含主要污染物的化学性质,用化学药品除去污水中的溶解物质或胶体物质的方法。如使用消毒剂处理污水,一般每升水中加入

2～3克漂白粉。生物处理法就是利用污水中微生物的代谢作用分解其中的有机物,对污水进行处理的方法。

污水经过处理后应达到 GB 18596《畜禽养殖业污染物排放标准》的规定。

2.粪便无害化处理

羊场粪便的贮存场所及设施,必须距离羊场供水设施 400 米以上,并应有防止渗漏和溢流等措施。羊粪宜采用条垛式、机械强化槽式和密闭仓式堆肥技术进行无害化处理。

堆肥发酵处理是目前羊粪便处理与利用较为传统可行的方法,运用堆肥技术,可以在较短的时间内使粪便减量、脱水、无害,取得较好的处理效果。粪便经过堆放发酵,利用自身产生的温度来杀死虫卵和病原菌。经过高温处理的粪便呈棕黑色、松软、无特殊臭味、不招苍蝇、卫生、无害。

另外,沼气发酵处理、干燥处理等也是羊场粪便常用的处理方法。

不论采用哪种方法处理粪便,都应参照农业部颁布的《畜禽粪便无害化处理技术规范》(NY/T 1168)执行。粪便经无害化处理后应达到有关排放标准(如 GB 18596)后才能排放。发生重大疫情后的粪便,必须按照国家动物防疫有关规定处理。

第四节　环境绿化及检测

羊场环境状况与肉羊生产关系非常密切,环境不良或恶化,轻则导致肉羊生产力降低,重则致使发病率增高,甚至疫病流行。因此,对羊场环境进行绿化和监测管理,及时掌握环境状况,采取有效控制措施,是改善羊场环境,提高肉羊生产力,防止疾病传播的有效途径。

一、环境绿化

加强羊场环境绿化建设,可以有效防止污染扩散,改善羊场生态环境,促进肉羊健康养殖生产持续稳定发展。

(一)环境绿化的作用

1.改善场区小气候

(1)绿化可以明显改善羊场内温度状况 如在炎热夏季,绿色植物能够减少地面对太阳辐射的吸收量,降低空气温度。

(2)绿化可以明显增加羊场的湿度 如绿化区域空气的湿度,包括绝对湿度和相对湿度均普遍高于非绿化区。

(3)绿化可以明显减少羊场场区气流速度 如在冬季的主风向方向种植高大的乔木,组成绿化带,对于减少冷风对畜牧场的侵袭,形成较为温暖、稳定的小气候环境具有重要意义。

2.净化空气环境

(1)吸收空气有害气体 绿色植物能够吸收畜群呼吸排出的二氧化碳,释放氧气。一些树木(如云杉、龙柏、紫穗槐、桑树、泡桐等)还具有吸收二氧化硫、氟化氢等有害气体的作用。因此,畜牧场内及周围地区种植绿色植物既可以降低场区氨气浓度,减少空气污染,又能够为植物自身提供氮素养分,减少施肥量并促进植物生长。

(2)吸附空气灰尘 绿色植物具有吸附和滞留空气灰尘微粒的作用。对畜牧场场区进行绿化,能明显地减少空气微粒,净化空气环境。

(3)减少空气微生物含量 花草树木能够吸附空气尘粒,使空气中细菌因失去了附着物而减少。许多植物的芽、叶和花粉能分泌挥发性的物质,这些挥发性物质能杀死细菌、真菌和原生动物。根据资料,气流通过绿化带后,可使空气微生物含量减少21.7%～79.3%。

3.防疫防火、降低噪声

在羊场周围及场内各区之间种植林带,能有效地防止人员、车辆随意穿行,使之相互隔离;植物净化空气环境、杀灭细菌及昆虫等作用均可减少病原体的传染机会,对于防止疫病发生和传播具有重要意义;由于树木枝叶含水量大,加之绿色植物所具有的固水增湿、降低风速等作用。因此,羊场环境绿化对于防止火灾发生和蔓延具有重要作用。另外,场区内设置绿化带,还可以降低畜牧场噪声。

(二)羊场绿化的种类及植物

羊场主要有场界绿化带、场内隔离林带、道路两旁林带、运动场遮阳林带和草地绿化等几种形式。

(1)场界绿化带 主要是在场界周边种植乔木、灌木混合林带或规划种植水果类植物带。

(2)场区隔离林带 场内各区,如生产区、生活区及行政管理区的四周,都应设置隔离林带,一般可采用绿篱植物如小叶杨树、松树、榆树、丁香、榆叶等,或以栽种刺笆为主。

(3)场区道路绿化 宜采用乔木为主,乔灌木搭配种植。如选种塔柏、冬青、侧柏、杜松等四季常青树种,并配置小叶女贞或黄洋成绿化带。

(4)运动场遮阳林带 在运动场的南、东,西三侧,应设1～2行遮阳林。一般可选择枝叶开阔,生长势强,冬季落叶后枝条稀少的树种,如杨树、槐树、法国梧桐等。

(5)草地绿化 应种植低矮的花卉或草坪,如紫花苜蓿、红三叶、白三叶、黑麦草、牡丹、金银花等。

二、羊场环境监测

(一)羊场环境监测的目的和任务

环境监测是指对羊场环境中某些有害因素进行调查和度量，目的是为了查明被监测环境变异幅度以及环境变异对肉羊健康生产的影响，以便采取有效措施，减少环境变异对健康养殖造成的不良影响。

通过环境卫生监测可及时了解羊舍及羊场内的环境状况，如温湿度变化、环境污染程度等，根据测定的数据和环境卫生标准，结合羊群健康和生产状况，及时采取应对措施，确保肉羊生产正常进行。

(二)羊场环境监测的基本内容和方法

1. 羊场环境监测的内容

羊场环境监测的内容主要包括两方面：一是对肉羊健康生产所利用的羊舍、水源、土壤、空气、饲料等进行监测；二是对健康生产所排放的污水、废弃物以及畜产品进行监测，以免羊场环境污染影响人体健康。

2. 空气环境监测的内容与方法

(1)空气环境监测的内容

①温热环境：气温、气湿、气流、羊舍的通风换气量。

②光环境：光照强度、光照时间、羊舍采光系数。

③空气卫生指标：空气卫生监测主要是对羊场空气中污染物质和可能存在的大气污染物进行监测。主要为恶臭气体、有害气体（氨气、硫化氢、二氧化碳等）、细菌、灰尘、噪声、总悬浮微粒、飘

尘、二氧化硫、氮氧化物、一氧化碳等。

（2）空气环境监测的一般方法

①经常性监测：即常年在固定测点设置仪器，供管理人员随时监测。如在羊舍内设置干湿球温度表，随时观察羊舍的空气温度、湿度。

②定期监测：是指按照计划在固定的时间、地点对固定的环境指标进行的监测。如在一年中每季度确定一天或连续数天对羊舍的温热环境进行定点观测。

③临时性监测：即当环境出现突然的异常变化时，为了掌握变化和对肉羊环境的影响程度所进行的测定。如当呼吸道疾病发病率升高时一般需进行临时性监测。

3.水质环境监测的内容

水质环境监测包括对羊场水源的监测和对羊场周围水体污染状况的监测。羊场水源水质监测指标如下。

①物理指标：温度、颜色、浑浊度、臭和味、悬浮物（SS）。

②化学指标：溶解氧（DO）、化学耗氧量（COD）、生化需氧量、氨氮、亚硝酸盐氮、硝酸盐氮、磷、pII等。

③细菌学指标：细菌总数、总大肠菌群数、蛔虫卵等。

4.土壤环境监测的内容

羊场土壤环境主要监测项目为土壤肥力指标和卫生指标。前者主要包括有机质、氮、磷、钾等，后者主要包括大肠菌群数、蛔虫卵等。

（三）羊场环境质量评价技术与方法

环境质量的评价就是按照一定的评价标准和评价方法对环境质量状况进行定量评定、解释和预测。它对于确切了解羊场环境状况、制订和实施羊场环境管理措施以及检验评价羊场环境管理措施的实施效果具有重要意义。目前环境质量评价主要集中在对大气和水质进行评价。

1. 空气环境评价

（1）小气候环境的评价　目前主要是对肉羊生产中所需要的气候因素，主要是温度、相对湿度、气流速度、光照强度等进行检测和评价，检验羊舍或羊场等小气候环境是否符合要求，从中发现问题及原因，制订相应的解决措施。

（2）空气质量评价　空气环境质量评价是依据相应环境质量标准对空气中有害物质进行评价。应参照我国已颁布的大气环境质量标准，如《环境空气质量标准》（GB 3095—2012）、《恶臭污染物排放标准》（GB 14554—93）、《工业企业设计卫生标准》（GB 21—2010)等相关内容，并结合羊场大气污染物的特点，制订监测内容及质量标准。

监测内容应以羊场主要污染物为主，监测点以离羊场周边400～500米范围和在下风向为宜；主要监测项目与环境标准为：恶臭强度 2 级以下；氨气 5 毫克/米^3；硫化氢 2.5×10^{-6} 毫克/米^3；二氧化碳 0.1%；细菌总数 1 万～1.5 万个/米^3。

2. 水体环境质量评价

在羊场水源的选择和保护中，水体环境质量评价主要依据为《地面水环境质量标准》（GB 3838—2002）和《生活饮用水卫生标准》（GB 5749—2006）。

在对污水排放及羊场周围环境水体质量的评价中，主要依据除《地面水环境质量标准》外，还有《污水综合排放标准》（GB 8978—2002)、《农田灌溉水质标准》（GB 5084—2005）等。

参 考 文 献

[1] 赵有璋. 羊生产学. 3 版. 北京:中国农业出版社,2011.

[2] 许家骐. 实用动物育种学. 北京:中国农业出版社,1995.

[3] 赵兴绪. 羊的繁殖调控. 北京:中国农业出版社,2008.

[4] 冯仰廉. 反刍动物营养学. 北京:科学出版社,2004.

[5] 李拥军. 肉羊健康高效养殖. 北京:金盾出版社,2010.

[6] 薛慧文. 肉羊无公害高效养殖. 北京:金盾出版社,2003.

[7] Freer M,Dove H. 绵羊营养学. 周道玮,孙哲,译. 北京:中国农业出版社,2005.

[8] 王金文. 肉用绵羊舍饲技术. 北京:中国农业科学技术出版社,2010.

[9] 安立龙. 家畜环境卫生学. 北京:高等教育出版社,2004.

[10] 李建国,田树军. 肉羊标准化生产技术. 北京:中国农业大学出版社,2003.